Tiziano COSSIGNANI
V. Cossignani, A. Di Nisio, M. Passamonti

ATLANTE DELLE CONCHIGLIE DEL MEDIO ADRIATICO

Atlas of shells from Central Adriatic Sea

Atlas des coquillages de l'Adriatique Centrale

Atlas der Muscheln und Schnecken der Mittleren Adria

Atlas de las conchas del Adriático Central

Iniziativa della
Mostra Mondiale Malacologia
Cupra Marittima (AP - Italy)

L'Informatore Piceno Ed.
Ancona - 1992

This edition first published in Italy in 1992 by L'Informatore Piceno, an imprint of Tecnostampa.

ISBN 88-86070-00-4

All photographs by Tiziano Cossignani
Nikon camera, Super Repro, Velvia Fujichrome, Galotti, Laboratorio Fotografico del Museo Malacologico Piceno

Le selezioni dei colori sono state realizzate da Cromolux di L. Rinaldi & C. - Osimo
Colour selections were realised by Cromolux di L. Rinaldi & C. - Osimo

Composizione testi ed impaginazione con Macintosh Plus - PageMaker, L'Informatore Piceno - Ancona
Sviluppo pellicole Composing snc - Ancona

Tipografia: Tecnostampa srl. - Recanati

Author's own postal address:
Mostra Mondiale Malacologia, Via Adriatica Nord, 240 - 63012 Cupra Marittima (AP - Italy)
tel. 39 - (0)735 - 777550 fax 39 - (0)735 - 777232

Editrice:
L'Informatore Piceno
Via Tibaldi, 4 - 60125 ANCONA tel. 39 - (0)71 - 890667

Ringraziamenti
L'editore ringrazia per la preziosissima collaborazione l'**Associazione Picena di Malacologia** di Cupra Marittima che ha dato il via all'iniziativa concretizzatasi con questo "Atlante", e all'assessore regionale all'Ambiente **Fabio Benni**, per la sensibilità dimostrata, nell'interesse dell'intera Regione Marche.
Un grazie particolare va riferito agli autori **Vincenzo Cossignani**, **Antonio Di Nisio** e **Marco Passamonti** che hanno messo a disposizione le loro conchiglie e la loro esperienza, e a **Tiziano Cossignani**, che, con professionalità e dedizione ha realizzato tutte le fotografie e curato la veste grafica della pubblicazione.
Per i loro suggerimenti e consigli e per la disponibilità manifestata, gratitudine va espressa a **Pasquale Micali** e **Italo Nofroni** ed inoltre a **Alfiero Ambrosini**, **Andrea Capici** e **Giampaolo Franzoni** per le collezioni messe a disposizione del gruppo di lavoro.
Una citazione va fatta anche per **Kety Nicolay** per l'incoraggiamento dato all'iniziativa, a **Giuseppe Fasulo**, a **Giovanni Bombace**, a **Carlo Froglia** e a **Bruno Dell'Angelo** per alcune preziose segnalazioni, e al presidente della Cooperativa Pescatori di Vongole di Cupra Marittima **Enrico Ciferri**, per il materiale fornito.

Traduzioni
inlingua (inglese), **Françoise Paugam** (francese), **Marianne Kinzler-Sparvieri** (tedesco), **Esther Manso** (spagnolo).

Copertina: T. Cossignani

Questo volume è dedicato a
Ofelia Acciarri e Mariano Cossignani

La pubblicazione di questo "Atlante delle conchiglie del Medio Adriatico" da anni era attesa ... non solo nella Regione Marche.
Si tratta di un'opera che contribuisce a far meglio conoscere il patrimonio malacofaunistico ed ambientale del nostro Territorio verso il quale sono orientati gli impegni dell'Assessorato all'Ambiente della Regione Marche.
Gli obiettivi raggiunti dal gruppo promotore dell'iniziativa, conclusasi con la pubblicazione del volume, splendidamente illustrato, troveranno ampi consensi non solo fra gli addetti ai lavori ma anche tra la popolazione studentesca marchigiana.

Ancona, maggio 1992

dr. Fabio Benni
Assessore Regionale all'Ambiente

PREMESSA

Questo “Atlante” nasce da una ricerca condotta per alcuni anni dall’Associazione Picena di Malacologia e coordinata dal prof. Vincenzo Cossignani, relativa alla catalogazione di tutte le conchiglie del Medio Adriatico, dalle coste della Regione Marche e delle regioni confinanti alle acque internazionali prospicienti, dove solitamente operano le marinerie pescherecce marchigiane.
I materiali reperiti con la ricerca sono stati confrontati ed arricchiti con quelli dei maggiori collezionisti e studiosi dell’area considerata, così da giungere ad oltre 400 specie correttamente determinate e fotografate.
Per la elencazione è stato utilizzato il “Catalogo annotato dei molluschi marini del Mediterraneo” SIM 1990, con unica eccezione relativa a *Pitar mediterranea*, per la quale si è deciso di non considerarla sinonimo ma specie valida, date le caratteristiche specifiche. Per agevolare i collezionisti, inoltre, è stato inserito un indice analitico con inclusi i principali sinonimi estrapolati dal “Catalogo Piani” del 1980.
E’ anche stato limitato a poche unità il numero delle conchiglie presentate come “species”, per le quali un diverso inquadramento sarebbe stato azzardato, in quanto sono ancora in corso studi per la loro precisa determinazione.
L’ ”Atlante”, per la ricchezza delle sue immagini, rappresenterà sicuramente uno strumento di lavoro e di confronto per quanti studiano e posseggono materiali di questa area, che, non essendo perfettamente definibile, ci permette di ipotizzare già, fin da ora, una prossima edizione.

gli Autori

INTRODUCTION

This “atlas” is the result of several years of research conducted by the Picena Association of Malacology, coordinated by Prof. Vincenzo Cossignani, in order to catalogue all the shells found in the region of the Mid Adriatic, from the coast of the Region of Marche and surrounding areas to the facing international waters, an area usually sailed by the Marche based fishing fleets. The material found during the research was then compared to and enriched by material in the possession of the finest of the area’s collectors and experts, in order to have access to more than 400 correctly identified and photographed species.
The “Annotated Catalogue of Mediterranean Mollusks” was used for the listing, with the sole exception of the “Pitar mediterranea”, for which it was decided not to consider it a synonymous but a valid species, given the specific characteristics. Moreover, to facilitate collectors, an analytical index, including principle synonyms extrapolated from the 1980 “Piani Catalogue”, was included.
The number of shells presented as a “species” has been limited to only a few, for which a different grouping could have been guessed at but these are still being studied for their precise determination. The “Atlas”, with all its wealth of visual material, will certainly represent a valuable work tool and comparison base in as much as it studies and possesses material from the area that, not being perfectly definable, already permits us to hypothesize a next edition.

The Authors

PREFACE

Cet "Atlas" naît d'une recherche conduite pendant quelques années par l' "Associazione Picena di Malacologia" et coordonnée par le Prof. Vincenzo Cossignani sur la catalogation de tous les coquillages de l'Adriatique Centrale, des côtes de la Région des Marches et des régions limitrophes des eaux internationales voisines, où d'habitude opère la flotte de pêche des Marches. Les matériaux repérés par la recherche ont été confrontés et enrichis par ceux des plus grands collectionneurs et spécialistes de la zone considérée, de façon à arriver à plus de 400 espèces correctement déterminées et photographiées.
Pour la liste, on a utilisé le "Catalogo annotato dei molluschi marini del Mediterraneo" SIM 1990, avec une unique exception relative à *Pitar mediterranea*, que l'on a décidé de ne pas considérer synonyme mais espèce valide, étant données les caractéristiques spécifiques.
Pour aider les collectionneurs, en autre, a été ajouté un index analytique comprenant les principaux synonymes extraits du "Catalogo Piani" de 1980.
On a également limité à quelques unités le nombre des coquillages présentés comme "species" pour lesquels un encadrement différent eut été hasardé, étant donné qu'ils sont encore en cours d'étude pour leur détermination précise.
L' "Atlas", pour la richesse de ses images, représentera sûrement un instrument de travail et de confrontation pour ceux qui étudient et possédent matériaux de cette zone qui n'étant pas parfaitement définissable, nous permet d'hypotiser dès maintenant une prochaine édition.

Les Auteurs

VORWORT

Dieser "Atlas" ist aus einer Forschung entstanden, die während einiger Jahre von der "Associazione Picena di Malacologia" durchgeführt und von Prof. Vincenzo Cossignani koordiniert wurde. Diese Forschung bezieht sich auf eine Katalogisierung aller Muscheln und Schnecken der Mittleren Adria, von den Küsten der Marken und der angrenzenden Regionen bis zu den davorliegenden internationalen Gewässern.
Die auf diese Weise zusammengetragenen Materialien wurden verglichen und bereichert mit jenen der grössten Sammler und Forscher der betreffenden Region und erreichte so über 400 Arten, die genau bestimmt und fotographiert wurden.
Für die Auflistung ist der "Catalogo annotato dei molluschi marini del Mediterraneo" SIM 1990 ("Mit Anmerkungen versehene Katalog der Meeresmollusken des Mittelmeeres" SIM 1990) benützt worden, mit einer einzigen Ausnahme, nämlich *Pitar mediterranea*. Wir haben uns entschlossen, sie nicht als Synonym, sondern als eigene Art zu betrachten, da sie spezifische Merkmale trägt. Um es den Sammlern zu erleichtern, ist ausserdem ein analytischer Index hinzugefügt worden mit den hauptsächlichen Synonymen aus dem "Piani-Katalog" vom Jahre 1980.
Wir haben uns darauf beschränkt, nur wenige Exemplare als "Species" darzustellen für die eine andere Einordnung gewagt erschien, da noch Studien zu ihrer genauen Bezeichnung im Gange sind.
Der "Atlas" stellt sicher durch den Reichtum seiner Abbildungen ein Hilfsmittel dar für diejenigen, die auf diesem Gebiet forschen und darüber Material besitzen. Da diese Region nicht genau abgrenzbar ist, können wir jetzt schon auf eine erweiterte Ausgabe in der Zukunft hoffen.

Die Autoren

PREFACIO

Este Atlas nace de una investigación conducida durante algunos años por la "Associazione Picena di Malacologia" que es coordinada por el profesor Vincenzo Cossignani, que comprende la catalogación de todas las conchas del Adriático Central, de la costa de la Región Marche y de las regiones que limitan las aguas internacionales, donde regularmente operan los barcos de pesca de la Región.
Los materiales hallados han sido comparados y enriquecidos con los de los coleccionistas y estudiosos del área considerada, en manera de alcanzar un número superior a 400 especies correctamente determinadas y fotografiadas.
Para realizar el elenco ha sido utilizado el "Catalogo dei molluschi marini del Mediterraneo", SIM 1990, con la única excepción relativa a *Pitar mediterranea*, la cuál se ha decidido no considerarla como sinónimo sino una especie válida, dadas las característica específicas. Para facilitar a los coleccionistas, además, se ha introducido un índice analítico incluyendo los principales sinónimos extraídos del "Catalogo Piani" del 1980.
Se ha limitado también el número de las conchas presentadas como especies, debido a que algunas serían difíciles de clasificar, ya que no se han concluído todavía los estudios.
El Atlas por la riqueza de sus imágenes representerá seguramente un instrumento de trabajo y de comparación para los estudiosos y personas que posean materiales de ésta área, y que no siendo posible definirlos perfectamente, nos permitirá de ipotizar ya, desde ahora, una próxima edición.

Los Autores

PIANO DELL'OPERA

I Parte

Configurazione del territorio della ricerca, dei fondali, delle spiaggie, della molluschicoltura e dello sfruttamento commerciale.

II Parte

Catalogo sistematico dei molluschi conchiferi del Medio Adriatico, secondo la nomenclatura del "Catalogo annotato sistematico dei molluschi marini del Mediterraneo", con numerazione progressiva.

III Parte

Atlante fotografico con didascalie essenziali e numerazione progressiva coincidente con quella del "Catalogo" (II Parte), nome ed autore della specie illustrata, misure indicative espresse in millimetri, frequenza della specie in base ai dati della ricerca.
Per quanto concerne la frequenza vengono usate le seguenti lettere:
A = abbondante; C = comune; F = frequente; P = poco frequente; R = rara.

IV Parte

Indice analitico indicante il numero progressivo nell' "Atlante".

TABLE OF CONTENTS

PART I

Layout of the research area, the seabed, the beaches, the mollusk cultures, and commercial exploitation.

PART II

Catalogue of the shelled mollusks of the Mid Adriatic, in accordance with the "Catalogue of Mediterranean Mollusks", progressively numbered.

PART III

Photographic "Atlas" with essential captions numbered to correspond with the Catalogue in Part II, name and author of the illustrated species, average size expressed in millimeters, and species frequency based on research data. Frequency figures given according to the following key:
A= Abundant, C = Common, F = Frequent, P = Infrequent, R = Rare.

PART IV

Index of the progressive numbering used in the "Atlas".

PLAN DE L'OEUVRE

I PARTIE
Configuration du territoire de la recherche, des fonds, des plages, de la culture des mollusques et de l'exploitation commerciale.

II PARTIE
Catalogue systématique des mollusques à coquille de l'Adriatique Centrale, selon les indications du "Catalogo sistematico dei Molluschi Marini del Mediterraneo", avec numération progressive.

III PARTIE
Atlas photographique avec légendes essentielles et numération progressive coincidant à celle du "Catalogo" de la II partie, nom et auteur de l'espèce illustrée, mesures moyennes exprimées en millimètres, fréquences de l'espèce sur la base des données de la recherche.
En ce qui concerne la fréquence, on a utilisé les lettres suivantes:
A = abondant; C = commun; F = fréquent; P = peu fréquent; R rare

IV PARTIE
Index analytique indiquant le numéro progressif dans l'Atlas.

INHALTSVERZEICHNIS

I TEIL
Aufbau des Forschungsgebietes, der Meeresböden, der Strände, der Muschelaufzucht und der kommerziellen Ausbeutung.

II TEIL
Sistematischer Katalog der schalentragenden Mollusken der Mittleren Adria, laut der Nomenklatur des "Catalogo annotato dei molluschi marini del Mediterraneo" ("Mit Anmerkungen versehenen Katalogs der Meeresmollusken des Mittelmeeres") mit fortlaufender Nummer.

III TEIL
Fotographischer Atlas mit den wichtigsten Anmerkungen und fortlaufender Nummerierung, die mit denen des Katalogs (II Teil) übereinstimmen, Name und Autor der dargestellten Art, Angaben zu den Massen in Millimetern, Häufigkeit der Art auf Grund der Forschungsergebnisse.
Was die Häufigkeit betrifft, werden die folgenden Buchstaben benützt:
A = reichlich; C = gewöhnlich; F = häufig; P = weniger häufig; R = selten

IV TEIL
Inhaltsnamensverzeichnis.

PLAN DE LA OBRA

I PARTE
Configuración del territorio de la investigación, de los fondos, de las playas, del cultivo de moluscos y de la venta.

II PARTE
Catálogo Sistemático de los moluscos conchiferos del Adriático Central, según la nomeclatura del "Catalogo Sistematico dei Molluschi Marini del Mediterraneo", con numeración progresiva.

III PARTE
Atlas fotográfico con subtítulos esenciales y numeración progresiva que coinciden con la del "Catalogo" (II Parte), nombre y autor de la especie ilustrada, medidas indicativas en milímetros, frequencia de la especie en base a datos de la investigación.
En lo que concierne a la frequencia se utilizan las seguentes letras:
A = abundante, C = común, F = frequente, P = poco frequente, R = rara

IV PARTE
Indice analítico che índica el número progresivo en el Atlas.

TERRITORIO DELLA RICERCA

Il tratto di mare Adriatico preso in esame dalla "ricerca", per l'individuazione della Malacofauna conchifera, è fondamentalmente compreso tra le coste marchigiane ad Ovest, le acque territoriali slave ad Est, il parallelo sito a 43°58' di latitudine Nord e il parallelo sito a 42°53'45" di latitudine Nord. Tale tratto appartiene per 1/4 all'alto Adriatico e per 3/4 al medio Adriatico. L'alto Adriatico è l'area compresa tra i limiti Nord del Mare Adriatico e la linea congiungente Numana (AN) e l'isola Grossa (Dalmazia); il medio Adriatico è delimitato a Sud dalla congiungente il Gargano e le Bocche di Cattaro. Il medio Adriatico è pressochè individuabile con l'Adriatico Centrale.

La zona compresa nell'alto Adriatico risente fortemente degli apporti di acqua dolce dei fiumi del Nord Italia, per cui si ha una salinità media del 33 per mille con punte molte più basse (fino al 18 per mille) vicino alla costa e a Sud dei fiumi importanti; la temperatura media annuale delle acque superficiali difficilmente supera i 15° C, con punte minime invernali di circa 9° C. La profondità non supera gli 80 metri e la maggior parte dei fondali è compresa tra i 60 e gli 80 metri. Notevole è la quantità di sostanze nutritizie in sospensione, dovuta al grande apporto dei fiumi del settentrione. L'insieme di questi fattori porta ad uno sviluppo notevole dei molluschi a livello quantitativo ma ad una forte riduzione a livello qualitativo.

La zona compresa nel medio Adriatico presenta caratteristiche abbastanza omogenee verso la costa italiana, salinità media intorno al 35 per mille, temperatura media annuale delle acque superficiali intorno ai 16°-17° C, fondali per lo più sabbiosi e fangosi e con profondità fino a 100 metri; ciò favorisce uno sviluppo quantitativo eccezionale di poche specie.
Se consideriamo le zone di mare site più verso le acque territoriali slave e verso Sud si arriva fino alla Depressione Medio Adriatica (DMA) (264 metri di profondità) dove le caratteristiche delle acque cambiano sensibilmente con conseguente forte variazione delle specie a livello qualitativo.

FONDALI

Il tipo di fondale è di particolare importanza per la distribuzione dei molluschi.

RESEARCH TERRITORY

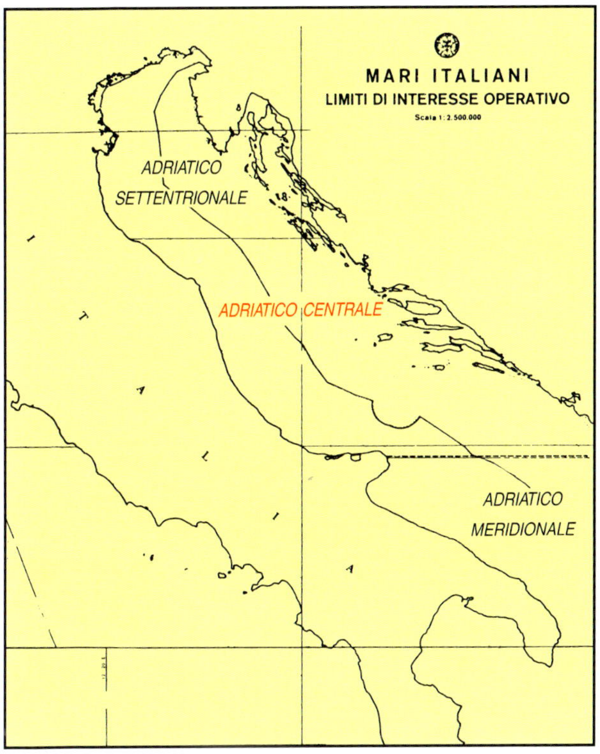

The section of the Adriatic Sea examined for this study, for the purpose of the identification of the shelled malacofauna, is found primarily between the coast of the Region of Marche to the west, the Slavic territorial waters to the east, and between the northern latitudes of 43 58' and 42 53'45". This section consists of, by 1/4, the waters of the High Adriatic and, by 3/4, the waters of the Mid Adriatic. The High Adriatic is the territory delineated by the Northern limits of the Adriatic Sea to the line between Numana (AN) and the Isola Grossa (Dalmatia). The line between Gargano and Bocche di Cattaro forms the southern boundary of the Mid Adriatic. The Mid Adriatic can almost be identified with the Central Adriatic.

The area that makes up the High Adriatic is strongly affected by the sweet water brought there by the rivers of Northern Italy, giving it an average salinity of 33 parts per 1000, with certain areas as low as 18 parts per 1000 near the coast and south of the most important rivers. The average annual temperatures rarely exceed 15° C with minimum winter temperatures circa 9° C. The water depth in this area does not exceed 80 meters, with most of the area ranging between 60 and 80 meters. The quantity of suspended nutritive substances is noteworthy and is due to this great influx of water from the northern regions. These factors together make for the development of a great quantity of mollusks, of, however, a low quality.

I fondali marini della zona considerata appartengono soprattutto alla **piattaforma continentale adriatica** e presentano una profondità crescente dalle coste marchigiane verso le acque territoriali slave e da Nord verso Sud, dove superato il ciglio della piattaforma continentale adriatica (a 140 metri di profondità) inizia la **Depressione Medio Adriatica** (DMA), che arriva a superare, all'altezza di Pedaso (AP), i 260 metri di profondità (Fossa di Pomo).

I principali tipi di fondali sono i seguenti 5:

a) **fondale sabbioso con sabbia grossa (sabbia attuale)** - questi fondali sono più estesi a Nord, dove possono arrivare fino a 1 km dalla costa, che a Sud dove, spesso, non superano i 50 metri dalla costa.

Questa striscia che fiancheggia tutta la regione non è omogenea ma è interrotta da tratti ghiaiosi ed altri fangosi in prossimità dei fiumi, ed ha subito, soprattutto in questi ultimi decenni, un notevole inquinamento fisico, con l'inserimento indiscriminato di scogliere e frangiflutti (immersi o emersi) artificiali; altre modificazioni sono evidenti nelle zone portuali.

Tipico fondale sabbioso della zona costiera dove si nota la presenza di *Acanthocardia tuberculata* (Foto: O. Acciarri)

b) **fondale con sabbia mista e fango, con prevalenza di fango nelle zone prospicienti le foci dei fiumi** - questi fondali seguono la costa come una fascia che va restringendosi da Nord verso Sud; così, a partire dalla fascia sabbiosa precedentemente ricordata, arriva a circa 10 miglia dalla costa ai limiti Nord della Regione Marche, per passare a 9 miglia a Fano, a 7 miglia a Senigallia, a 5,5 miglia alla foce del fiume Tronto.

The Italian coast of the Mid Adriatic zone is relatively homogeneous, with salinity at 35 parts per 1000, average annual superficial water temperatures at around 16°-17° C,and a more or less sandy/ muddy seabed with a depth up to about 100 meters. It therefore favors an exceptional quantitative development of few species. If we consider the areas found closer to the Slavic coast and south, we arrive at the Mid Adriatic Depression (MAD)(264 meters deep) where the characteristics of the water change with a consequently strong species variation on a qualitative level.

THE SEABED

The type of seabed is particularly important where the distribution of mollusk life is concerned. The seabed of the studied zone belongs primarily to the Adriatic Continental Platform zone, and tends to deepen from the coastal region of Marche toward the Slavic territorial waters, and from north toward south where, once beyond the edge of the continental platform at a depth of 140 meters, the Mid Adriatic Depression (MAD) begins and deepens to 260 meters opposite Pedaso (AP)(Pomo pit).

There are five principle types of seabed:

a) **Sandy seabed with large grained sand** - this type is more prevalent in the north where it stretches up to a kilometer from the coast, as opposed to the more southerly areas where often it doesn't reach beyond 50 meters from the coast. This bank runs along the entire coastal region and is not homogenous but interrupted by gravelly stretches and muddy sections in proximity to the rivers, and it has been subjected to, especially during the last few decades, noteworthy pollution, the indiscriminate use of artificial reefs and breakwaters (above and below sealevel), and other modifications especially obvious near the port zones.

b) **Seabed of mixed sand and mud, with prevalence of mud in zones around the river deltas** - this seabed type follows along the coast like a band that narrows from the north toward the south, thus starting from the coastal sand bank mentioned above, it reaches out to about 10 miles from the coast of the northern part of the Region of Marche, to 9 miles across from Fano, to 7 miles from Senigallia, and 5 1/2 miles from the mouth of the Tronto River.

c) **Muddy seabed** - it runs along the boundaries of the preceding seabed bands moving closer to the east and is the most variable band. It reaches, in fact, to about 12 miles from the coast in the northern reaches to increase to about 40 miles from the coast between Fano and Ancona, to about 50 miles at Civitanova Marche, from whence it suddenly reduces to 30 miles from Porto San Giorgio, reducing

c) **fondale fangoso** - oltre il limite dei fondali precedenti. Andando verso Est, questa fascia è molto variabile; si estende fino a 12 miglia circa dalla costa ai limiti Nord per aumentare sensibilmente da Fano ad Ancona dove arriva fino a 40 miglia.
Da Civitanova Marche si avvicina alle 50 miglia verso sud e comincia a ridursi bruscamente a largo di Porto San Giorgio dove scende a 30 miglia, per restringersi ancora, ma gradualmente verso sud, ed arrivare a circa 20 miglia dalla costa, alla foce del fiume Tronto.

d) **fondale sabbioso con sabbia più o meno fine (sabbia relitta)** - questi fondali vanno dal limite precedente fino al ciglio della piattaforma continentale e cioè fino a 140 metri di profondità.

e) **fondale fangoso** - oltre il limite del ciglio della piattaforma continentale adriatica e per tutta l'area interessata dalla DMA.

Una considerazione va fatta per taluni tralicci di pozzi metaniferi, e soprattutto per le quattro barriere artificiali realizzate a Fano, Senigallia, Portonovo e Recanati, nell'ambito territoriale della ricerca, dall'I.R.PE.M (Istituto di Ricerca per la Pesca Marittima) del C.N.R. di Ancona per il ripopolamento ittico, per l'incentivazione della molluschicoltura (mitili e ostriche) e della cattura di gasteropodi con nassini.
Tali barriere rappresentano un ottimo habitat anche per molti altri molluschi e comprendono per ciascun lotto 29 piramidi di 5 elementi di cemento armato, 116 cilindri sulle piramidi e 12 gabbioni per la mitilicoltura.

Sacche embrionali di *Loligo vulgaris* attaccate all'interno di una cavità di modulo di barriera artificiale a -14 m. (Foto: I.R.Pe.M. - AN)

again, but more gradually toward the South and to arrive at about 20 miles from the coast at the mouth of the Tronto River.

d) **Sandy seabed with generally fine sand (relict sand)**- This type of seabed goes from the edges of the preceding seabed to the edge of the Continental Platform, namely up to a depth of 140 meters.

e) **Muddy seabed** - beyond the edge of the Adriatic Continental Platform encompassing the entire Adriatic Sea Depression.

Apart from these seabed types some special mention must be made of the lattice mesh areas over some methane-producing wells, but above all about the four artificial reefs created in the research area by the I.R.PE.M. (Institute for the Study of Maritime Fishing) of the CNR of Ancona for fish spawning, to provide an incentive for the cultivation of mollusks (mussel and oyster) and for gastropod trapping with wicker-work traps.
These reefs also represent an optimum habitat for other mollusks and is made of 29 pyramids of 5 elements of reinforced concrete, 116 cylinders on the pyramids and 12 cages for mussel cultivation, for each lot.

Profilo di una piramide della barriera artificiale di Porto Recanati con banchi di *Mytilus galloprovincialis*. Tipica è la scarsa trasparenza delle acque costiere adriatiche italiane (Foto: I.R. Pe.M. - AN)

SPIAGGE E BATTIGIE

Con esclusione di brevi tratti rocciosi all'altezza del Colle San Bartolo nel pesarese, di Ancona, del Monte Conero e di Pedaso, che peraltro favoriscono la presenza di molluschi perforatori, le spiagge del tratto preso in esame sono per lo più sabbiose e ghiaiose o miste.

Il reperimento di conchiglie dopo le mareggiate è fenomeno frequente, anche se non particolarmente accentuato, con eccezione per la Baia di Portonovo dove la malacofauna è più varia.

La spiaggia dei "sassi neri" di Sirolo vista dal Monte Conero

Brevi sono i tratti in cui il mare non è delimitato da una spiaggia vera e propria ma da barriere artificiali in cemento armato o in blocchi di travertino e marmo; tali tratti sono in prossimità di Palombina Nuova, della zona portuale di Ancona e in coincidenza con le barriere e le banchine dei principali porti della Regione: Pesaro, Fano, Numana, Civitanova, Porto San Giorgio, San Benedetto del Tronto.

MOLLUSCHICOLTURA E SFRUTTAMENTO COMMERCIALE

Tali settori hanno sempre rappresentato per la Regione Marche e per le regioni limitrofe un importante capitolo dell'economia locale e lo dimostrano il numero degli operatori addetti, il numero delle imbarcazioni dedite alla raccolta delle vongole e degli altri molluschi commercializzati.

Decisamente la *Chamelea gallina* è il mollusco più pescato, con il suo centro di maggior raccolta a Cupra Marittima dove opera la "Cooperativa pescatori vongole", una delle maggiori in campo nazionale. Recentemente vengono raccolte grandi quantità anche di *Paphia aurea*.

Subito segue la raccolta del *Mytilus galloprovin-*

BEACHES AND WATER EDGES

With the exception of a brief rocky and cliffy stretch at Colle San Bartolo near Pesaro, at Ancona, at Monte Conero and at Pedaso, which also tend to favor the presence of perforator mollusks, the beaches of the area of study are on the whole sandy, gravelly, or mixed. The finding of shells after the high tide is a frequent phenomenon, even if not particularly abundant, with the exception of the Bay of Portonovo where the malacofauna is richer and more varied. There are some brief stretches in which the sea does not have as a boundary an actual beach, but

Tipica spiaggia nella Baia di Portonovo

artificial barriers of reinforced concrete, travertine or marble. These stretches are to be found in the vicinity of Palombina Nuova, in the port zone of Ancona and in correspondence with the barriers and piers of the region's principle ports: Pesaro, Fano, Numana, Civitanova, Porto San Giorgio, and San Benedetto del Tronto.

MOLLUSK CULTIVATION AND COMMERCIAL EXPLOITATION

These endeavours have always represented, for the Region of Marche and adjacent area, an important

"Vongolare" sulla spiaggia di Cupra Marittima

cialis con attivi centri di commercializzazione a Portonovo (AN), a Pedaso e a San Benedetto del Tronto.

Discreto seguito commerciale hanno la *Sepia officinalis*, il *Loligo vulgaris*, il *Todarodes sagittatus*, il *Nassarius mutabilis*, l'*Aporrhais pespelecani*, la *Cassidaria echinophora*, l'*Ensis minor*, l'*Hexaplex trunculus*, il *Bolinus brandaris* e l'*Ostrea edulis*. Occasionalmente vengono raccolti a scopo commerciale *Pecten jacobeus*, *Chlamys varia* e *Chlamys glabra*, altri veneridi e altri gasteropodi di taglia commestibile.

L'importanza di taluni molluschi nella regione trova riscontro anche in alcune feste gastronomiche popolari quali la sagra della "concola" (*Chamelea gallina*) a Cupra Marittima e in altri centri della costa, specie durante la stagione balneare, la sagra dei garagoj (*Aporrhais pespelecani*) a Marotta, la sagra delle cozze (*Mytilus galloprovincialis*) a Pedaso.

MUSEO MALACOLOGICO PICENO

Per concludere questa breve nota descrittiva non si può non citare la presenza, a Cupra Marittima, nel cuore della verde Riviera Picena, del Museo Malacologico Piceno, il maggiore esistente in Italia, annesso alla Mostra Mondiale di Malacologia, dove sono presentate le conchiglie dei molluschi dell'Adriatico Centrale, naturalmente in una sezione specifica, che ha chiari fini documentativi e didattici.

Le strutture di ricerca della Mostra Mondiale di Malacologia di Cupra Marittima ed in particolare il laboratorio fotografico e la biblioteca specializzata sono state preziosissime per la migliore riuscita di questa pubblicazione.

source of income for the local economy, as evidenced by the large number of workers employed in the industry,and the number of boats engaged in the fishing for clams and other commercially viable mollusks. The *Chamelea gallina* is decisively the most sought after of the mollusks, with Cupra Marittima as its center and the richest source, and where the Clam Fisheries Cooperative, one of the best in the nation, operates. The *Tapes philippinarum* has also recently been fished in great quantities. Following closely behind is the *Mytilus galloprovincialis* with its center of commercial activity at Portonovo (AN), at Pedaso, and at San Benedetto del Tronto. The *Sepia officinalis*, the *Loligo vulgaris*, the *Todarodes sagittatus*, the *Nassarius mutabilis*, the *Aporrhais pespelecani*, the *Cassidaria echinophora*, the *Ensis minor*, the *Murex trunculus*, the *Murex brandaris* and the *Ostrea edulis* also have a moderate commercial viability. The *Pecten jacobeus, Chlamys varia* and *Chlamys glabra*, other clams and gastropods of an edible size are also occasionally fished. The importance of some of the regional mollusks is reinforced by several popular food festivals, such as the Festival of the Clam *(Chamelea gallina)* at Cupra Marittima and other coastal towns, especially during the summer vacation season, the festival of the "garagoj" *(Aporrhais pespelecani)* at Marotta, and the festival of the Mussel *(Mytilus galloprovincialis)* at Pedaso.

THE PICENO MUSEUM OF MALACOLOGY

This brief summary would not be complete without mention of the Piceno Museum of Malacology at Cupra Marittima in the heart of the green Picenese Riviera.

It is the best in Italy and associated closely to the World Malacology Exposition where one finds on display the shells of the mollusks of the Central Adriatic, a specific section, of course, with clearly defined documentation and didactics.

Bibliografia:

- AA.VV., 1982 - Molluschi eduli delle Marche
- AA.VV., - Bollettino della Pesca, Ente Fiera di Ancona
- AA.VV., - La conchiglia, international shell magazine
- COEN G., 1937 - Nuovo saggio di una Sylloge Molluscorum Adriaticorum
- CURZI P.U., 1986 - Cenni di geologia dell'Adriatico nel tratto marchigiano - Estratto da Studi Geologici Camerti, volume speciale "La geologia delle Marche" pp. 135-145
- D'ANGELO G., GARGIULLO S., 1978 - Guida alle conchiglie mediterranee
- Estratto CNR -Vol. II - pp. 25-56 - n. 3 - Bologna - Note del Laboratorio di biologia marina e pesca - Fano
- GRAHAM A., 1988 - Molluscs: Prosobranch and Pyramidellid Gastropods
- NORDSIECK F., 1982 - Die europäischen Meeres-Gehäuseschnecken (Pros.)
- PARENZAN P., 1970-1976 - Carta d'identità delle conchiglie del Mediterraneo, 3 vol.
- PIANI P., 1980 - Catalogo dei molluschi conchiferi viventi nel Mediterraneo
- POPPE G.T., GOTO Y., 1991 - European Seashells, vol. 1
- RINALDI E., 1991 - Le conchiglie della costa romagnola
- SABELLI B. e al., 1990 - Catalogo annotato dei molluschi marini del Mediterraneo, vol. 1
- SCACCINI A., 1967 - Dati preliminari sulle zoocenosi bentoniche e sulla biomassa in una zona dell'alto e medio Adriatico
- SETTEPASSI F., 1967-1972 - Atlante malacologico, 3 vol.
- TEBBLE N., 1976 - British bivalve seashells
- Testimonianze orali dei pescatori delle flottiglie marchigiane

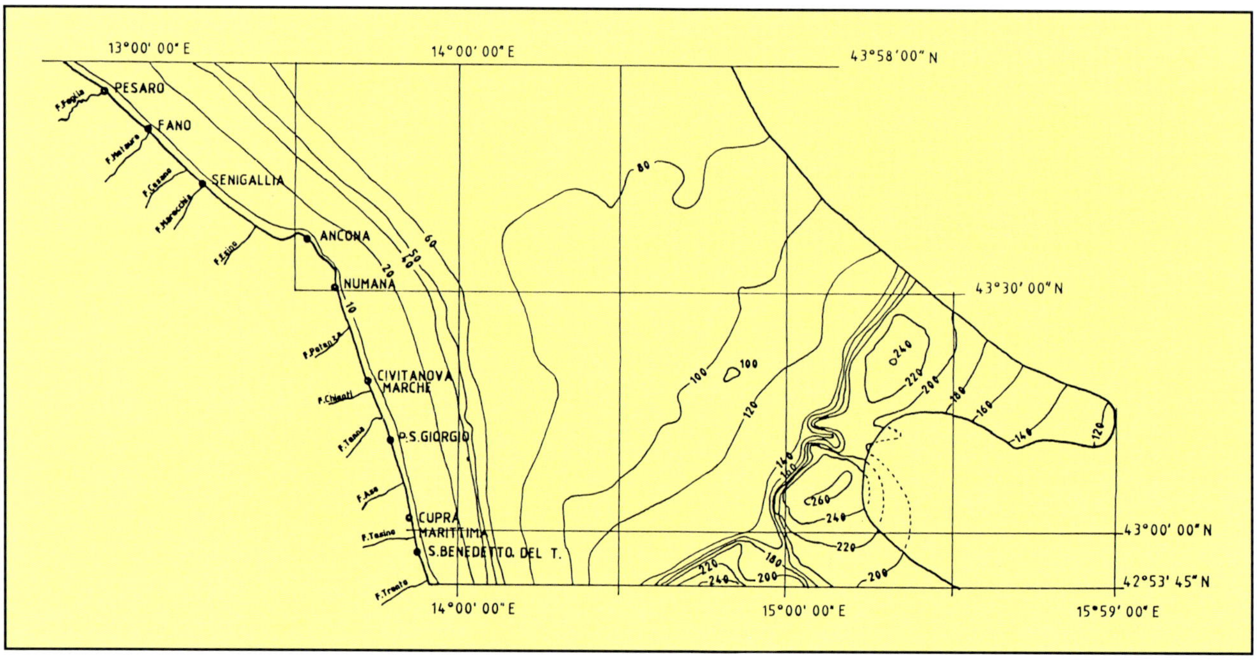

CATALOGO DEI MOLLUSCHI CONCHIFERI DEL MEDIO ADRIATICO

Classis **POLYPLACOPHORA** GRAY J.E., 1821

Ordo **LEPIDOPLEURIDA** THIELE, 1909
Subordo **LEPIDOPLEURINA** THIELE, 1910
Superfamilia **NEOLEPIDOPLEUROIDEA** DELL'ANGELO & PALAZZI, 1989
Familia LEPTOCHITONIDAE DALL, 1889
Subfamilia LEPTOCHITONINAE DALL, 1889
Genus **Lepidopleurus** RISSO, 1826 ex LEACH ms
Subgenus **Lepidopleurus** s.str.
001 - ***Lepidopleurus (Lepidopleurus) cajetanus*** (POLI, 1791)

Subgenus **Leptochiton** GRAY J.E., 1847
002 - ***Lepidopleurus (Leptochiton) cancellatus*** (SOWERBY G.B. II, 1840)

Familia HANLEYIDAE BERGENHAYN, 1955
Genus **Hanleya** GRAY J.E., 1857
003 - ***Hanleya hanleyi*** (BEAN in THORPE, 1844)

Subordo **ISCHNOCHITONINA** BERGENHAYN, 1930
Familia ISCHNOCHITONIDAE DALL, 1889
Subfamilia ISCHNOCHITONINAE DALL, 1889
Genus **Ischnochiton** GRAY J.E., 1847
Subgenus **Ischnochiton** s.str.
004 - ***Ischnochiton (Ischnochiton) rissoi*** (PAYRAUDEAU, 1826)

Subfamilia CALLOCHITONINAE PLATE, 1901
Genus **Callochiton** GRAY J.E., 1847
005 - ***Callochiton septemvalvis euplaeae*** (COSTA O.G., 1829)

Subfamilia LEPIDOCHITONINAE IREDALE, 1914
Genus **Lepidochitona** GRAY J.E., 1821
006 - ***Lepidochitona cinerea*** (LINNAEUS, 1767)
007 - ***Lepidochitona caprearum*** (SCACCHI, 1836)

Familia CHITONIDAE RAFINESQUE, 1815
Subfamilia CHITONINAE RAFINESQUE, 1815
Genus **Chiton** LINNAEUS, 1758
Subgenus **Rhyssoplax** THIELE, 1893
008 - ***Chiton (Rhyssoplax) olivaceus*** SPENGLER, 1797

Subordo **ACANTHOCHITONINA** BERGENHAYN, 1930
Familia ACANTHOCHITONIDAE PILSBRY, 1893
Subfamilia ACANTHOCHITONINAE PILSBRY, 1893
Genus **Acanthochinona** GRAY J.E., 1821
009 - ***Acanthochitona fascicularis*** (LINNAEUS, 1767)

Classis **GASTROPODA** CUVIER, 1797

Subclassis **PROSOBRANCHIA** MILNE EDWARDS, 1848

Superordo **ARCHAEOGASTROPODA** THIELE, 1925

Ordo **DOCOGLOSSA** TROSCHEL, 1866

Superfamilia **PATELLOIDEA** RAFINESQUE, 1815

Familia PATELLIDAE RAFINESQUE, 1815

Genus **Patella** LINNAEUS, 1758

010 - ***Patella caerulea*** LINNAEUS, 1758
011 - ***Patella rustica*** LINNAEUS, 1758
012 - ***Patella ulyssiponensis*** GMELIN, 1791

Ordo **COCCULINIFORMIA** HASZPRUNAR, 1987

Superfamilia **LEPETELLOIDEA** DALL, 1882

Familia LEPETELLIDAE DALL, 1882

Genus **Lepetella** VERRILL, 1880

013 - ***Lepetella labronica*** (BOGI, 1984)
014 - ***Lepetella laterocompressa*** (DE RAYNEVAL & PONZI, 1854)

Familia ADDISONIIDAE DALL, 1882

Genus **Addisonia** DALL, 1882

015 - ***Addisonia lateralis*** (REQUIEN, 1848)

Familia PSEUDOCCULINIDAE HICKMAN, 1983

Subfamilia CAYMANABYSSINAE MARSHALL, 1986

Genus **Copulabyssia** HASZPRUNAR, 1988

016 - ***Copulabyssia corrugata*** (JEFFREYS, 1883)

Ordo **VETIGASTROPODA** SALVINI-PLAWEN & HASZPRUNAR, 1987

Superfamilia **FISSURELLOIDEA** FLEMING, 1822

Familia FISSURELLIDAE FLEMING, 1822

Subfamilia DIODORINAE ODHNER, 1932

Genus **Diodora** GRAY, 1821

017 - ***Diodora gibberula*** (LAMARCK, 1822)
018 - ***Diodora graeca*** (LINNAEUS, 1758)
019 - ***Diodora italica*** (DEFRANCE, 1820)

Subfamilia EMARGINULINAE GRAY, 1834

Genus **Emarginula** LAMARCK, 1801

020 - ***Emarginula adriatica*** COSTA O.G., 1829
021 - ***Emarginula fissura*** (LINNAEUS, 1758)
022 - ***Emarginula octaviana*** COEN, 1939
023 - ***Emarginula rosea*** BELL T., 1824
024 - ***Emarginula sicula*** GRAY, 1825

Genus **Emarginella** PILSBRY in TRYON & PILSBRY, 1891

025 - ***Emarginella huzardii*** (PAYRAUDEAU, 1826)

Superfamilia **SCISSURELLOIDEA** GRAY J. E., 1847

Familia SCISSURELLIDAE GRAY J. E., 1847

Genus **Scissurella** D'ORBIGNY, 1824

026 - ***Scissurella costata*** D'ORBIGNY, 1824

Genus **Anatoma** WOODWARD, 1859

027 - ***Anatoma crispata*** FLEMING, 1828

Superfamilia **HALIOTOIDEA** RAFINESQUE, 1815

Familia HALIOTIDAE RAFINESQUE, 1815

Genus **Haliotis** LINNAEUS, 1758

028 - ***Haliotis tuberculata lamellosa*** LAMARCK, 1822

Superfamilia **TROCHOIDEA** RAFINESQUE, 1815

Familia TROCHIDAE RAFINESQUE, 1815

Subfamilia TROCHINAE RAFINESQUE, 1815

Genus **Clanculus** MONTFORT, 1810

Subgenus **Clanculopsis** MONTEROSATO, 1888

029 - ***Clanculus (Clanculopsis) cruciatus*** (LINNAEUS, 1758)

Subfamilia CALLIOSTOMATINAE THIELE, 1924

Genus **Calliostoma** SWAINSON, 1840

Subgenus **Calliostoma** s.str.

030 - ***Calliostoma (Calliostoma) laugieri laugieri*** (PAYRAUDEAU, 1826)

031 - ***Calliostoma (Calliostoma) zizyphinum*** (LINNAEUS, 1758)

Subgenus **Ampullotrochus** MONTEROSATO, 1890

032 - ***Calliostoma (Ampullotrochus) granulatum*** (VON BORN, 1778)

Subfamilia GIBBULINAE STOLICZKA, 1868

Genus **Gibbula** RISSO, 1826 ex LEACH ms.

Subgenus **Gibbula** s. str.

033 - ***Gibbula (Gibbula) albida*** (GMELIN, 1791)

034 - ***Gibbula (Gibbula) magus*** (LINNAEUS, 1758)

Subgenus **Colliculus** MONTEROSATO, 1888

035 - ***Gibbula (Colliculus) adansonii adansonii*** (PAYRAUDEAU, 1826)

036 - ***Gibbula (Colliculus) adriatica*** (PHILIPPI, 1844)

Subgenus **Phorcus** RISSO, 1826

037 - ***Gibbula (Phorcus) philberti*** (RECLUZ, 1843)

038 - ***Gibbula (Phorcus) varia*** (LINNAEUS, 1758)

Subgenus **Steromphala** GRAY, 1847 ex LEACH ms.

039 - ***Gibbula (Steromphala) divaricata*** (LINNAEUS, 1758)

Subfamilia MARGARITINAE STOLICZKA, 1868

Genus **Danilia** BRUSINA, 1865

040 - ***Danilia otaviana*** (CANTRAINE, 1835)

Subfamilia MONODONTINAE GRAY, 1856

Genus **Monodonta** LAMARCK, 1799

Subgenus **Osilinus** PHILIPPI, 1847

041 - ***Monodonta (Osilinus) articulata*** LAMARCK, 1822

042 - ***Monodonta (Osilinus) mutabilis*** (PHILIPPI,1846)

043 - ***Monodonta (Osilinus) turbinata*** (VON BORN, 1778)

Genus **Jujubinus** MONTEROSATO, 1884

044 - ***Jujubinus exasperatus*** (PENNANT, 1777)

Familia SKENEIDAE CLARK, 1851

Genus **Anekes** BOUCHET & WAREN, 1979

045 - ***Anekes sabellii*** BOGI & NOFRONI, 1989

Familia TRICOLIIDAE ROBERTSON, 1985

Genus **Tricolia** RISSO, 1826

046 - ***Tricolia pullus pullus*** (LINNAEUS, 1758)

Superordo **CAENOGASTROPODA** COX, 1959

Ordo **NEOTAENIOGLOSSA** HALLER, 1882

Subordo **DISCOPODA** FISCHER P., 1884

Superfamilia **CERITHIOIDEA** FERUSSAC, 1819

Familia CERITHIIDAE FERUSSAC, 1819

Genus **Cerithium** BRUGUIERE, 1789

047 - ***Cerithium alucaster*** (BROCCHI, 1814)
048 - ***Cerithium vulgatum*** BRUGUIERE, 1792

Genus **Bittium** GRAY, 1847 ex LEACH ms.

049 - ***Bittium latreillii*** (PAYRAUDEAU, 1826)
050 - ***Bittium reticulatum*** (DA COSTA, 1778)
051 - ***Bittium scabrum*** (OLIVI, 1792)

Genus **Cerithidium** MONTEROSATO, 1884

052 - ***Cerithidium submamillatum*** (DE RAYNEVAL & PONZI, 1854)

Familia FOSSARIDAE TROSCHEL, 1861

Genus **Fossarus** PHILIPPI, 1841

053 - ***Fossarus ambiguus*** (LINNAEUS, 1758)

Familia TURRITELLIDAE LOVEN, 1847

Subfamilia TURRITELLINAE LOVEN, 1847

Genus **Turritella** LAMARCK, 1799

054 - ***Turritella communis*** RISSO, 1826

Superfamilia **LITTORINOIDEA** GRAY J.E., 1840

Familia LITTORINIDAE GRAY J.E., 1840

Subfamilia LITTORINIDINAE GRAY J.E., 1840

Genus **Littorina** FERUSSAC, 1822

Subgenus **Melaraphe** MENKE, 1828

055 - ***Littorina (Melaraphe) neritoides*** (LINNAEUS, 1758)

Superfamilia **RISSOOIDEA** GRAY J.E., 1847

Familia RISSOIDAE GRAY J.E., 1847

Subfamilia RISSOINAE GRAY J.E., 1847

Genus **Rissoa** FREMINVILLE in DESMAREST, 1814

056 - ***Rissoa auriscalpium*** (LINNAEUS, 1758)
057 - ***Rissoa decorata*** PHILIPPI, 1846
058 - ***Rissoa guerinii*** RECLUZ, 1843
059 - ***Rissoa labiosa*** (MONTAGU, 1803)
060 - ***Rissoa splendida*** EICHWALD, 1830
061 - ***Rissoa variabilis*** (VON MUEHLFELDT, 1824)
062 - ***Rissoa violacea violacea*** DESMAREST, 1814

Genus **Alvania** RISSO, 1826

Subgenus **Alvania** s.str.

063 - ***Alvania (Alvania) beani*** (HANLEY in THORPE, 1844)
064 - ***Alvania (Alvania) cancellata*** (DA COSTA, 1778)
065 - ***Alvania (Alvania) cimex*** (LINNAEUS, 1758)
066 - ***Alvania (Alvania) cimicoides*** (FORBES, 1844)
067 - ***Alvania (Alvania) discors*** (ALLAN, 1818)
068 - ***Alvania (Alvania) hispidula*** (MONTEROSATO, 1884)
069 - ***Alvania (Alvania) geryonia*** (NARDO, 1847 ex CHIEREGHINI ms.)
070 - ***Alvania (Alvania) lactea*** (MICHAUD, 1832)
071 - ***Alvania (Alvania) punctura*** (MONTAGU, 1803)
072 - ***Alvania (Alvania) rudis*** (PHILIPPI, 1844)
073 - ***Alvania (Alvania) testae*** (ARADAS & MAGGIORE, 1844)

Genus **Manzonia** BRUSINA, 1870
Subgenus **Alvinia** MONTEROSATO, 1884
074 - ***Manzonia (Alvinia) zetlandica*** (MONTAGU, 1815)

Genus **Obtusella** COSSMANN, 1921 ex MONTEROSATO ms.
075 - ***Obtusella intersecta*** (WOOD S.W., 1857)
076 - ***Obtusella macilenta*** (MONTEROSATO, 1880)

Genus **Pusillina** MONTEROSATO, 1884
077 - ***Pusillina inconspicua*** (ALDER, 1844)
078 - ***Pusillina philippi*** (ARADAS & MAGGIORE, 1844)
079 - ***Pusillina*** species

Subfamilia RISSOININAE STIMPSON, 1865
Genus **Rissoina** D'ORBIGNY, 1840
Subgenus **Rissoina** s.str.
080 - ***Rissoina (Rissoina) bruguieri*** (PAYRAUDEAU, 1826)

Familia ADEORBIDAE MONTEROSATO, 1884
Subfamilia ADEORBINAE MONTEROSATO, 1884
Genus **Circulus** JEFFREYS, 1865
081 - ***Circulus striatus*** (PHILIPPI, 1836)

Familia CAECIDAE GRAY M.E., 1850
Subfamilia CAECINAE GRAY M.E., 1850
Genus **Caecum** FLEMING, 1813
082 - ***Caecum auriculatum*** DE FOLIN, 1868
083 - ***Caecum trachea*** (MONTAGU, 1803)

Familia IRAVADIIDAE THIELE, 1928
Genus **Ceratia** ADAMS H. & A., 1852
084 - ***Ceratia proxima*** (FORBES & HANLEY, 1850 ex ALDER ms.)

Genus **Hyala** ADAMS H. & A., 1852
085 - ***Hyala vitrea*** (MONTAGU, 1803)

Familia TORNIDAE SACCO, 1896
Genus **Tornus** TURTON & KINGSTON, 1830
086 - ***Tornus subcarinatus*** (MONTAGU, 1803)

Superfamilia **STROMBOIDEA** RAFINESQUE, 1815
Familia APORRHAIIDAE GRAY, 1850
Genus **Aporrhais** DA COSTA, 1778
087 - ***Aporrhais pespelecani*** (LINNAEUS, 1758)
088 - ***Aporrhais serresianus*** (MICHAUD, 1828)

Superfamilia **CALYPTRAEOIDEA** LAMARCK, 1809
Familia CALYPTRAEIDAE LAMARCK, 1809
Genus **Calyptraea** LAMARCK, 1799
089 - ***Calyptraea chinensis*** (LINNAEUS, 1758)

Genus **Crepidula** LAMARCK, 1799
090 - ***Crepidula unguiformis*** LAMARCK, 1822

Familia CAPULIDAE FLEMING, 1822
Genus **Capulus** MONTFORT, 1810
091 - ***Capulus ungaricus*** (LINNAEUS, 1758)

Superfamilia **VERMETOIDEA** RAFINESQUE, 1815
Familia VERMETIDAE RAFINESQUE, 1815
Genus **Vermetus** CUVIER, 1800
Subgenus **Vermetus** s.str.
092 - ***Vermetus (Vermetus) triquetrus*** BIVONA ANT., 1832

Superfamilia **CYPRAEOIDEA** RAFINESQUE, 1815
Familia CYPRAEIDAE RAFINESQUE, 1815
Genus **Zonaria** JOUSSEAUME, 1884
Subgenus **Zonaria** s.str.
093 - ***Zonaria (Zonaria) pyrum*** (GMELIN, 1791)

Familia OVULIDAE FLEMING, 1822
Subfamilia OVULINAE FLEMING, 1822
Genus **Aperiovula** CATE, 1973
094 - ***Aperiovula adriatica*** (SOWERBY G.B. I, 1828)

Genus **Neosimnia** FISCHER P., 1884
095 - ***Neosimnia spelta*** (LINNAEUS, 1758)

Genus **Simnia** RISSO, 1826
096 - ***Simnia purpurea*** RISSO, 1826

Superfamilia **LAMELLARIOIDEA** D'ORBIGNY, 1841
Familia TRIVIIDAE TROSCHEL, 1863
Subfamilia TRIVIINAE TROSCHEL, 1863
Genus **Trivia** GRAY, 1837
097 - ***Trivia arctica*** (PULTENEY, 1789)
098 - ***Trivia multilirata*** (SOWERBY G.B. II, 1870)

Subfamilia ERATOINAE GILL, 1871
Genus **Erato** RISSO, 1826
099 - ***Erato voluta*** (MONTAGU, 1803)

Superfamilia **NATICOIDEA** FORBES, 1838
Familia NATICIDAE FORBES, 1838
Subfamilia NATICINAE FORBES, 1838
Genus **Natica** SCOPOLI, 1777
Subgenus **Naticarius** DUMERIL, 1806
100 - ***Natica (Naticarius) stercusmuscarum*** (GMELIN, 1791)

Subfamilia POLINICINAE GRAY J.E., 1847
Genus **Euspira** AGASSIZ, 1838
101 - ***Euspira fusca*** (BLAINVILLE, 1825)
102 - ***Euspira macilenta*** (PHILIPPI, 1844)
103 - ***Euspira nitida*** (DONOVAN, 1804)

Genus **Neverita** RISSO, 1826
104 - ***Neverita josephinia*** RISSO, 1826

Superfamilia **TONNOIDEA** SUTER, 1913 (1825)
Familia TONNIDAE SUTER, 1913 (1825)
Genus **Tonna** BRUNNICH, 1771
105 - ***Tonna galea*** (LINNAEUS, 1758)

Familia CASSIDAE LATREILLE, 1825
Genus **Galeodea** LINK, 1807
106 - ***Galeodea echinophora*** (LINNAEUS, 1758)

Subordo **HETEROPODA** LAMARCK, 1812

Superfamilia **CARINARIOIDEA** BLAINVILLE, 1818

Familia CARINARIIDAE BLAINVILLE, 1818

Genus **Carinaria** LAMARCK, 1801

107 - ***Carinaria mediterranea*** BLAINVILLE, 1825

Subordo **PTENOGLOSSA** GRAY J.E., 1853

Superfamilia **TRIPHOROIDEA** GRAY J.E., 1847

Familia TRIPHORIDAE GRAY J.E., 1847

Subfamilia TRIPHORINAE GRAY J.E., 1847

Genus **Marshallora** BOUCHET, 1984

108 - ***Marshallora adversa*** (MONTAGU, 1803)

Genus **Monophorus** GRANATA GRILLO, 1877

109 - ***Monophorus perversus*** (LINNAEUS, 1758)

Subfamilia METAXIINAE MARSHALL, 1977

Genus **Metaxia** MONTEROSATO, 1884

110 - ***Metaxia metaxa*** (DELLE CHIAJE, 1828)

Familia CERITHIOPSIDAE ADAMS H. & A., 1853

Genus **Cerithiopsis** FORBES & HANLEY, 1851

111 - ***Cerithiopsis diadema*** MONTEROSATO, 1874 ex WATSON ms.
112 - ***Cerithiopsis tubercularis*** (MONTAGU, 1803)
113 - ***Cerithiopsis*** species

Superfamilia **JANTHINOIDEA** LAMARCK, 1810

Familia ACLIDIDAE SARS G.O., 1878

Genus **Aclis** LOVEN, 1846

114 - ***Aclis ascaris*** (TURTON, 1819)
115 - ***Aclis attenuans*** JEFFREYS, 1883
116 - ***Aclis gulsonae*** (CLARK W., 1850)
117 - ***Aclis minor*** (BROWN, 1827)

Genus **Graphis** JEFFREYS, 1867

118 - ***Graphis gracilis*** (MONTEROSATO, 1874 ex JEFFREYS ms.)

Familia EPITONIIDAE BERRY S.S., 1910 (1812)

Subfamilia EPITONINAE BERRY S.S., 1910

Genus **Epitonium** ROEDING, 1798

119 - ***Epitonium aculeatum*** (ALLAN, 1818)
120 - ***Epitonium celesti*** (ARADAS, 1854)
121 - ***Epitonium commune*** (LAMARCK, 1822)
122 - ***Epitonium turtoni*** (TURTON, 1819)
123 - ***Epitonium*** species

Genus **Opalia** ADAMS H. & A., 1853

Subgenus **Nodiscala** DE BOURY, 1889

124 - ***Opalia (Nodiscala) abbotti*** CLENCH & TURNER, 1952

Superfamilia **EULIMOIDEA** ADAMS H. & A., 1853

Familia EULIMIDAE ADAMS H. & A., 1853

Genus **Eulima** RISSO, 1826

125 - ***Eulima bilineata*** ALDER, 1848
126 - ***Eulima glabra*** (DA COSTA, 1778)

Genus **Haliella** MONTEROSATO, 1878

127 - ***Haliella stenostoma*** (JEFFREYS, 1858)

Genus **Melanella** BOWDICH, 1822
128 - ***Melanella boscii*** (PAYRAUDEAU, 1827)
129 - ***Melanella polita*** (LINNAEUS, 1758)

Genus **Sticteulima** LASERON, 1955
130 - ***Sticteulima jeffreysiana*** (BRUSINA, 1869)

Genus **Vitreolina** MONTEROSATO, 1884
131 - ***Vitreolina curva*** (MONTEROSATO, 1874 ex JEFFREYS ms.)

Ordo **NEOGASTROPODA** THIELE, 1929
Superfamilia **MURICOIDEA** RAFINESQUE, 1815
Familia MURICIDAE RAFINESQUE, 1815
Subfamilia MURICINAE RAFINESQUE, 1815
Genus **Bolinus** PUSCH, 1837
132 - ***Bolinus brandaris*** (LINNAEUS, 1758)

Genus **Hadriania** B.D.D., 1882
133 - ***Hadriania oretea*** (DE GREGORIO, 1885)

Genus **Hexaplex** PERRY, 1811
134 - ***Hexaplex trunculus*** (LINNAEUS, 1758)

Genus **Muricopsis** B.D.D., 1882
135 - ***Muricopsis cristata*** (BROCCHI, 1814)

Genus **Ocenebra** GRAY J.E., 1847
136 - ***Ocenebra erinaceus*** (LINNAEUS, 1758)

Genus **Ocinebrina** JOUSSEAUME, 1880
137 - ***Ocinebrina aciculata*** (LAMARCK, 1822)
138 - ***Ocinebrina edwardsii*** (PAYRAUDEAU, 1826)

Genus **Trophon** MONTFORT, 1810
139 - ***Trophon muricatus*** (MONTAGU, 1803)

Subfamilia BUCCININAE RAFINESQUE, 1815
Genus **Buccinulum** DESHAYES, 1830
140 - ***Buccinulum corneum*** (LINNAEUS, 1758)

Genus **Pisania** BIVONA ANT., 1832
141 - ***Pisania striata*** (GMELIN, 1791)

Subfamilia CORALLIOPHILINAE CHENU, 1859
Genus **Coralliophila** ADAMS H. & A., 1853
142- ***Coralliophila squamosa*** (BIVONA, 1838)

Subfamilia FASCIOLARIINAE GRAY J.E., 1853
Genus **Fusinus** RAFINESQUE, 1815
Subgenus **Fusinus** s.str.
143 - ***Fusinus (Fusinus) rostratus*** (OLIVI, 1792)

Subfamilia NASSARIINAE IREDALE, 1916
Genus **Nassarius** DUMERIL, 1806
Subgenus **Gussonea** MONTEROSATO, 1912
144 - ***Nassarius (Gussonea) corniculus*** (OLIVI, 1792)

Subgenus **Hima** LEACH in GRAY J.E., 1852
145 - ***Nassarius (Hima) incrassatus*** (STROEM, 1768)
146 - ***Nassarius (Hima) pygmaeus*** (LAMARCK, 1822)

Subgenus **Hinia** LEACH in GRAY J.E., 1847
147 - ***Nassarius (Hinia) reticulatus*** (LINNAEUS, 1758)

Subgenus **Sphaeronassa** LOCARD, 1886
148 - ***Nassarius (Sphaeronassa) mutabilis*** (LINNAEUS, 1758)

Subgenus **Telasco** ADAMS H. & A., 1853
149 - ***Nassarius (Telasco) costulatus cuvierii*** (PAYRAUDEAU, 1826)

Subgenus **Uzita** ADAMS H. & A., 1853
150 - ***Nassarius (Uzita) lima*** (DILLWYN, 1817)

Genus **Cyclope** RISSO, 1826
Subgenus **Cyclope** s.str.
151 - ***Cyclope (Cyclope) neritea*** (LINNAEUS, 1758)

Subfamilia THAIDINAE JOUSSEAUME, 1888
Genus **Rapana** SCHUMACHER, 1817
152 - ***Rapana venosa*** (VALENCIENNES, 1846)

Genus **Stramonita** SCHUMACHER, 1817
153 - ***Stramonita haemastoma*** (LINNAEUS, 1766)

Familia COSTELLARIIDAE MAC DONALD, 1860
Genus **Vexillum** ROEDING, 1798
Subgenus **Pusia** SWAINSON, 1840
154 - ***Vexillum (Pusia) ebenus*** (LAMARCK, 1811)
155 - ***Vexillum (Pusia) littorale*** (FORBES, 1844)
156 - ***Vexillum (Pusia) savignyi*** (PAYRAUDEAU, 1826)
157 - ***Vexillum (Pusia) tricolor*** (GMELIN, 1791)

Familia MARGINELLIDAE FLEMING, 1828
Subfamilia MARGINELLINAE FLEMING, 1828
Genus **Gibberula** SWAINSON, 1840
158 - ***Gibberula miliaria*** (LINNAEUS, 1758)
159 - ***Gibberula philippii*** (MONTEROSATO, 1878)

Subfamilia CYSTISCINAE STIMPSON, 1865
Genus **Granulina** JOUSSEAUME, 1888
160 - ***Granulina clandestina*** (BROCCHI, 1814)

Familia MITRIDAE SWAINSON, 1831
Subfamilia MITRINAE SWAINSON, 1831
Genus **Mitra** LAMARCK, 1798
161 - ***Mitra zonata*** MARRYAT, 1818

Superfamilia **CONOIDEA** RAFINESQUE, 1815
Familia CONIDAE RAFINESQUE, 1815
Genus **Conus** LINNAEUS, 1758
162 - ***Conus mediterraneus*** HWASS in BRUGUIERE, 1792

Familia TURRIDAE SWAINSON, 1840
Subfamilia BELINAE BELLARDI, 1875
Genus **Bela** LEACH in GRAY J.E., 1847
163 - ***Bela brachystoma*** (PHILIPPI, 1844)
164 - ***Bela laevigata*** (PHILIPPI, 1836)
165 - ***Bela nebula*** (MONTAGU, 1803)

Genus **Mangelia** RISSO, 1826

166 - ***Mangelia coarctata*** (FORBES, 1840)
167 - ***Mangelia costata*** (DONOVAN, 1804)
168 - ***Mangelia nuperrima*** (TIBERI, 1855)
169 - ***Mangelia smithii*** (FORBES, 1840)
170 - ***Mangelia unifasciata*** (DESHAYES, 1835)
171 - ***Mangelia vauquelini*** (PAYRAUDEAU, 1826)

Genus **Mangiliella** B.D.D., 1883

172 - ***Mangiliella sandrii*** (BRUSINA, 1865)

Subfamilia BRACHYTOMINAE THIELE, 1929
Genus **Drilliola** LOCARD, 1897 ex MONTEROSATO ms.

173 - ***Drilliola emendata*** (MONTEROSATO, 1872)

Genus **Microdrillia** CASEY, 1903

174 - ***Microdrillia loprestiana*** (CALCARA, 1841)

Subfamilia CRASSISPIRINAE MORRISON, 1966
Genus **Haedropleura** B.D.D., 1883 ex MONTEROSATO ms.

175 - ***Haedropleura septangularis*** (MONTAGU, 1803)

Subfamilia DRILLINAE MORRISON, 1966
Genus **Crassopleura** MONTEROSATO, 1884

176 - ***Crassopleura incrassata*** (DUJARDIN, 1837)

Subfamilia RAPHITOMINAE BELLARDI, 1848
Genus **Raphitoma** BELLARDI, 1847
Subgenus **Raphitoma** s.str.

177 - ***Raphitoma (Raphitoma) aequalis*** (JEFFREYS, 1867)
178 - ***Raphitoma (Raphitoma) linearis*** (MONTAGU, 1803)

Subgenus **Leufroyia** MONTEROSATO, 1884

179 - ***Raphitoma (Leufroyia) leufroyi*** (MICHAUD, 1828)

Genus **Philbertia** MONTEROSATO, 1884

180 - ***Philbertia cordieri*** (PAYRAUDEAU, 1826)

Genus **Comarmondia** MONTEROSATO, 1884

181 - ***Comarmondia gracilis*** (MONTAGU, 1803)

Genus **Teretia** NORMAN, 1888

182 - ***Teretia teres*** (REEVE, 1844)

Subclassis **HETEROBRANCHIA** GRAY J.E., 1840

Ordo **HETEROSTROPHA** FISCHER P., 1885

Superfamilia **ARCHITECTONICOIDEA** GRAY J.E., 1840
Familia ARCHITECTONICIDAE GRAY J.E., 1840
Genus **Heliacus** D'ORBIGNY, 1842
Subgenus **Grandeliacus** IREDALE, 1957

183 - ***Heliacus (Grandeliacus) subvariegatus*** (D'ORBIGNY, 1852)

Genus **Pseudotorinia** SACCO, 1892

184 - ***Pseudotorinia architae*** (COSTA O.G., 1841)

Superfamilia **RISSOELLOIDEA** GRAY M.E., 1850
Familia RISSOELLIDAE GRAY M.E., 1850
Genus **Rissoella** GRAY J.E., 1847

185 - ***Rissoella diaphana*** (ALDER, 1848)

Superfamilia **PYRAMIDELLOIDEA** GRAY J.E., 1840

Familia PYRAMIDELLIDAE GRAY J.E., 1840

Subfamilia PYRAMIDELLINAE GRAY, 1840

Genus **Pyramidella** LAMARCK, 1799

186 - ***Pyramidella minuscola*** MONTEROSATO, 1880

Subfamilia CHRYSALLIDINAE NORDSIECK F., 1972

Genus **Chrysallida** CARPENTER, 1857

187 - ***Chrysallida brusinai*** (COSSMANN, 1921)
188 - ***Chrysallida dollfusi*** (KOBELT, 1903)
189 - ***Chrysallida doliolum*** (PHILIPPI, 1844)
190 - ***Chrysallida flexuosa*** (MONTEROSATO, 1874 ex JEFFREYS ms.)
191 - ***Chrysallida juliae*** (DE FOLIN, 1872)
192 - ***Chrysallida obtusa*** (T. BROWN, 1827)
193 - ***Chrysallida palazzii*** MICALI, 1984
194 - ***Chrysallida stefanisi*** (JEFFREYS, 1869)
195 - ***Chrysallida suturalis*** (PHILIPPI, 1844)
196 - ***Chrysallida?*** species

Genus **Clathrella** RECLUZ, 1864

197 - ***Clathrella clathrata*** (PHILIPPI, 1844)

Genus **Folinella** DALL & BARTSCH, 1904

198 - ***Folinella excavata*** (PHILIPPI, 1836)
199 - ***Folinella ghisottii*** VAN AARTSEN, 1984

Genus **Tragula** MONTEROSATO, 1884

200 - ***Tragula fenestrata*** (JEFFREYS, 1848)

Subfamilia EULIMELLINAE NORDSIECK F., 1972

Genus **Eulimella** GRAY, 1847

201 - ***Eulimella acicula*** (PHILIPPI, 1836)
202 - ***Eulimella scillae*** (SCACCHI, 1835)
203 - ***Eulimella turris*** (FORBES, 1844)
204 - ***Eulimella ventricosa*** (FORBES, 1844)
205 - ***Eulimella*** species

Genus **Anisocycla** MONTEROSATO, 1880

206 - ***Anisocycla pointeli*** (FOLIN, 1867)

Genus **Syrnola** ADAMS A., 1860

207 - ***Syrnola minuta*** ADAMS H., 1869
208 - ***Syrnola unifasciata*** (FORBES, 1844)

Subfamilia ODOSTOMIINAE PELSENEER, 1928

Genus **Odostomia** FLEMING, 1813

Subgenus **Odostomia** s.str.

209 - ***Odostomia (Odostomia) acuta*** JEFFREYS, 1848
210 - ***Odostomia (Odostomia) lukisii*** JEFFREYS, 1859
211 - ***Odostomia (Odostomia) turriculata*** MONTEROSATO, 1869
212 - ***Odostomia (Odostomia) turrita*** HANLEY, 1844
213 - ***Odostomia (Odostomia) unidentata*** (MONTAGU, 1803)

Subgenus **Auristomia** MONTEROSATO, 1884

214 - ***Odostomia (Auristomia) erjaveciana*** BRUSINA, 1869
215 - ***Odostomia (Auristomia)*** species

Subgenus **Doliella** MONTEROSATO, 1880

216 - ***Odostomia (Doliella) nitens*** JEFFREYS, 1870

Subgenus **Liostomia** G.O. SARS, 1878

217 - ***Odostomia (Liostomia) clavulus*** (LOVEN, 1846)

Subgenus **Megastomia** MONTEROSATO, 1884

218 - ***Odostomia (Megastomia) conoidea*** (BROCCHI, 1814)

219 - ***Odostomia (Megastomia) conspicua*** ALDER, 1850

Genus **Ondina** DE FOLIN, 1870

220 - ***Ondina diaphana dilucida*** (MONTEROSATO, 1884)

Subfamilia TURBONILLINAE BRONN, 1849

Genus **Turbonilla** RISSO, 1826

221 - ***Turbonilla delicata*** MONTEROSATO, 1874

222 - ***Turbonilla gradata*** B.D.D., 1883

223 - ***Turbonilla lactea*** (LINNAEUS, 1758)

224 - ***Turbonilla pusilla*** (PHILIPPI, 1844)

225 - ***Turbonilla rufa*** (PHILIPPI, 1836)

Subclassis **OPISTOBRANCHIA** MILNE-EDWARDS, 1848

Ordo **CEPHALASPIDEA** FISCHER P., 1883

Superfamilia **ACTEONOIDEA** D'ORBIGNY, 1835

Familia ACTEONIDAE D'ORBIGNY, 1835

Genus **Acteon** MONTFORT, 1810

226 - ***Acteon tornatilis*** (LINNAEUS, 1758)

Superfamilia **RETUSOIDEA** THIELE, 1931

Familia RETUSIDAE THIELE, 1931

Genus **Retusa** BROWN, 1827

227 - ***Retusa semisulcata*** (PHILIPPI, 1836)

Genus **Cylichnina** MONTEROSATO, 1884

228 - ***Cylichnina umbilicata*** (MONTAGU, 1803)

Genus **Volvulella** NEWTON, 1891

229 - ***Volvulella acuminata*** (BRUGUIERE, 1792)

Superfamilia **HAMINOIDEA** PILSBRY, 1895

Familia HAMINOEIDAE PILSBRY, 1895

Genus **Haminoea** TURTON & KINGSTON, 1830

230 - ***Haminoea navicula*** (DA COSTA, 1778)

Genus **Atys** MONTFORT, 1810

231 - ***Atys jeffreysi*** (WEINKAUFF, 1868)

Genus **Weinkauffia** MONTEROSATO, 1884 ex ADAMS A. ms.

232 - ***Weinkauffia turgidula*** (FORBES, 1844)

Superfamilia **PHILINOIDEA** GRAY, 1850

Familia PHILINIDAE GRAY, 1850

Genus **Philine** ASCANIUS, 1772

233 - ***Philine aperta*** (LINNAEUS, 1767)

234 - ***Philine monterosati*** MONTEROSATO, 1874 ex JEFFREYS ms.

235 - ***Philine scabra*** (MUELLER, 1784)

Genus **Laona** ADAMS A., 1865

236 - ***Laona pruinosa*** (CLARK, 1827)

Familia AKERIDAE PILSBRY, 1893

Genus **Akera** MUELLER O.F., 1776

237 - ***Akera bullata*** MUELLER O.F., 1776

Familia CYLICHNIDAE ADAMS H. & A., 1854
Genus **Cylichna** LOVEN, 1846
238 - ***Cylichna crossei*** B.D.D., 1886
239 - ***Cylichna cylindracea*** (PENNANT, 1777)

Genus **Scaphander** MONTFORT, 1810
240 - ***Scaphander lignarius*** (LINNAEUS, 1758)

Ordo **THECOSOMATA** BLAINVILLE, 1824
Subordo **EUTHECOSOMATA** MEISENHEIMER, 1905
Familia CAVOLINIDAE GRAY, 1850
Subfamilia CAVOLININAE GRAY, 1850
Genus **Cavolinia** ABILDGAARD, 1791
241 - ***Cavolinia inflexa*** (LESUEUR, 1813)
242 - ***Cavolinia tridentata*** (NIEBUHR, 1775 ex FORSKAL ms.)

Subfamilia CLIONIINAE VAN DER SPOEL, 1967
Genus **Clio** LINNAEUS, 1767
243 - ***Clio pyramidata*** LINNAEUS, 1767

Genus **Creseis** RANG, 1828
244 - ***Creseis acicula*** RANG, 1828

Genus **Styliola** GRAY, 1850
245 - ***Styliola subula*** (QUOY & GAIMARD, 1827)

Ordo **NOTASPIDEA** FISCHER P., 1883
Subordo **UMBRACULACEA** DALL, 1889
Superfamilia **UMBRACULOIDEA** DALL, 1889
Familia TYLODINIDAE GRAY, 1847
Genus **Tylodina** RAFINESQUE, 1819
246 - ***Tylodina perversa*** (GMELIN, 1791)

Ordo **ANASPIDEA** FISCHER P., 1883
Familia APLYSIIDAE LAMARCK, 1809
Genus **Aplysia** LINNAEUS, 1767
Subgenus **Aplysia** s.str.
247 - ***Aplysia (Aplysia) depilans*** GMELIN, 1791

Subgenus **Pruvotaplysia** ENGEL, 1936
248 - ***Aplysia (Pruvotaplysia) punctata*** (CUVIER, 1803)

Subgenus **Varria** EALES, 1960
249 - ***Aplysia (Varria) fasciata*** POIRET, 1789

Subclassis **DIVASIBRANCHIA** MINICHEV & STAROBOGATOV, 1975
Superfamilia **SIPHONARIOIDEA** GRAY J.E., 1840
Familia TRIMUSCULIDAE ZILCH, 1959
Genus **Trimusculus** SCHMIDT, 1818
250 - ***Trimusculus mammillaris*** (LINNAEUS, 1758)

Subclassis **PULMONATA** CUVIER, 1817

Ordo **BASOMMATOPHORA** SCHMIDT A., 1855

Superfamilia **ELLOBIOIDEA** ADAMS A., 1855

Familia ELLOBIIDAE ADAMS A., 1855

Subfamilia PYTHIINAE ODHNER, 1925

Genus **Ovatella** BIVONA ANT., 1832

Subgenus **Ovatella** s.str.

251 - ***Ovatella (Ovatella) firminii*** (PAYRAUDEAU, 1826)

Subgenus **Myosotella** MONTEROSATO, 1896

252 - ***Ovatella (Myosotella) myosotis*** (DRAPARNAUD, 1801)

Classis **BIVALVIA** LINNAEUS, 1758

Subclassis **PROTOBRANCHIA** PELSENEER, 1889

Ordo **NUCULOIDA** DALL, 1889

Superfamilia **NUCULOIDEA** GRAY J.E., 1824

Familia NUCULIDAE GRAY J.E., 1824

Genus **Nucula** LAMARCK, 1799

253 - ***Nucula nitidosa*** WINCKWORTH, 1930

254 - ***Nucula nucleus*** (LINNAEUS, 1758)

255 - ***Nucula sulcata*** BRONN, 1831

Genus **Nuculoma** COSSMANN, 1907

256 - ***Nuculoma aegeensis*** FORBES, 1844

Superfamilia **NUCULANOIDEA** ADAMS H. & A., 1858

Familia NUCULANIDAE ADAMS H. & A., 1858

Subfamilia NUCULANINAE ADAMS H. & A., 1858

Genus **Nuculana** LINK, 1807

Subgenus **Lembulus** RISSO, 1826

257 - ***Nuculana (Lembulus) pella*** (LINNAEUS, 1767)

Subgenus **Jupiteria** BELLARDI, 1875

258 - ***Nuculana (Jupiteria) commutata*** (PHILIPPI, 1844)

259 - ***Nuculana (Jupiteria) illirica*** CARROZZA, 1987

260 - ***Nuculana (Jupiteria)*** species

Subclassis **PTEROMORPHIA** BEURLEN, 1944

Ordo **ARCOIDA** STOLICZKA, 1871

Superfamilia **ARCOIDEA** LAMARCK, 1818

Familia ARCIDAE LAMARCK, 1818

Subfamilia ARCINAE LAMARCK, 1818

Genus **Arca** LINNAEUS, 1758

261 - ***Arca noae*** LINNAEUS, 1758

262 - ***Arca tetragona*** POLI, 1795

Genus **Barbatia** GRAY J.E., 1842

Subgenus **Barbatia** s.str.

263 - ***Barbatia (Barbatia) barbata*** (LINNAEUS, 1758)

Subfamilia ANADARINAE REINHART, 1935
Genus **Bathyarca** KOBELT, 1891
264 - ***Bathyarca grenophia*** (RISSO, 1826)
265 - ***Bathyarca philippiana*** (NYST, 1848)

Genus **Scapharca** GRAY J.E., 1847
266 - ***Scapharca inaequivalvis*** (BRUGUIERE, 1789)

Familia NOETIDAE STEWART, 1930
Subfamilia STRIARCINAE MAC NEIL, 1937
Genus **Striarca** CONRAD, 1862
267 - ***Striarca lactea*** (LINNAEUS, 1758)

Superfamilia **LIMOPSOIDEA** DALL, 1895
Familia GLYCYMERIDIDAE NEWTON, 1922
Subfamilia GLYCYMERIDINAE NEWTON, 1922
Genus **Glycymeris** DA COSTA, 1778
268 - ***Glycymeris insubrica*** (BROCCHI, 1814)

Ordo **MYTILOIDA** FERUSSAC, 1822
Superfamilia **MYTILOIDEA** RAFINESQUE, 1815
Familia MYTILIDAE RAFINESQUE, 1815
Subfamilia MYTILINAE RAFINESQUE, 1815
Genus **Mytilus** LINNAEUS, 1758
269 - ***Mytilus galloprovincialis*** LAMARCK, 1819

Genus **Mytilaster** MONTEROSATO, 1883
270 - ***Mytilaster lineatus*** (GMELIN, 1791)
271 - ***Mytilaster minimus*** (POLI, 1795)
272 - ***Mytilaster solidus*** MONTEROSATO, 1872 ex MARTIN H. ms.

Subfamilia CRENELLINAE ADAMS H. & A., 1857
Genus **Gregariella** MONTEROSATO, 1883
273 - ***Gregariella petagnae*** (SCACCHI, 1832)

Genus **Modiolarca** GRAY J.E., 1842
274 - ***Modiolarca subpicta*** (CANTRAINE, 1835)

Subfamilia LITHOPHAGINAE ADAMS H. & A., 1857
Genus **Lithophaga** ROEDING, 1798
275 - ***Lithophaga lithophaga*** (LINNAEUS, 1758)

Subfamilia MODIOLINAE KEEN, 1958
Genus **Modiolus** LAMARCK, 1799
Subgenus **Modiolus** s.str.
276 - ***Modiolus (Modiolus) barbatus*** (LINNAEUS, 1758)

Genus **Modiolula** SACCO in BELLARDI & SACCO, 1898
277 - ***Modiolula phaseolina*** (PHILIPPI, 1844)

Superfamilia **PINNOIDEA** LEACH, 1819
Familia PINNIDAE LEACH, 1819
Genus **Pinna** LINNAEUS, 1758
278 - ***Pinna nobilis*** LINNAEUS, 1758

Genus **Atrina** GRAY J.E., 1842
279 - ***Atrina pectinata*** (LINNAEUS, 1767)

Ordo **PTERIOIDA** NEWELL, 1965

Subordo **PTERIINA** NEWELL, 1965

Superfamilia **PTERIODEA** GRAY J.E., 1847

Familia PTERIIDAE GRAY J.E., 1847 (1828)

Genus **Pteria** SCOPOLI, 1777

280 - ***Pteria hirundo*** (LINNAEUS, 1758)

Superfamilia **PECTINOIDEA** RAFINESQUE, 1815

Familia PECTINIDAE RAFINESQUE, 1815

Subfamilia PECTININAE RAFINESQUE, 1815

Genus **Pecten** MUELLER O.F., 1776

281 - ***Pecten jacobeus*** (LINNAEUS, 1758)

Genus **Aequipecten** FISCHER P., 1886

Subgenus **Aequipecten** s.str.

282 - ***Aequipecten (Aequipecten) opercularis*** (LINNAEUS, 1758)

Subfamilia **AMUSINAE** RIDEWOOD, 1903

Genus **Propeamussium** DE GREGORIO, 1884

283 - ***Propeamussium fenestratum*** (FORBES, 1844)

Subfamilia CAMPTONECTINAE HABE, 1971

Genus **Pseudamussium** MOERCH, 1853

Subgenus **Peplum** B.D.D., 1889

284 - ***Pseudamussium (Peplum) clavatum*** (POLI, 1795)

Genus **Hyalopecten** VERRILL, 1897

Subgenus **Similpecten** WINCKWORTH, 1932

285 - ***Hyalopecten (Similpecten) similis*** (LASKEY, 1811)

Genus **Palliolum** MONTEROSATO, 1884

286 - ***Palliolum incomparabile*** (RISSO, 1826)

Subfamilia CHLAMYDINAE KOROBKOV, 1957

Genus **Chlamys** ROEDING, 1798

Subgenus **Chlamys** s.str.

287 - ***Chlamys (Chlamys) multistriata*** (POLI, 1795)

288 - ***Chlamys (Chlamys) varia*** (LINNAEUS, 1758)

Subgenus **Karnekampia** WAGNER, 1988

289 - ***Chlamys (Karnekampia) bruei*** (PAYRAUDEAU, 1826)

Subgenus **Proteopecten** MONTEROSATO, 1899

290 - ***Chlamys (Proteopecten) glabra*** (LINNAEUS, 1758)

291 - ***Chlamys (Proteopecten) proteus*** (DILLWYN, 1817 ex SOLANDER ms.)

Familia SPONDYLIDAE GRAY J.E., 1826

Genus **Spondylus** LINNAEUS, 1758

Subgenus **Spondylus** s.str.

292 - ***Spondylus (Spondylus) gaederopus*** LINNAEUS, 1758

Superfamilia **ANOMIOIDEA** RAFINESQUE, 1815

Familia ANOMIIDAE RAFINESQUE, 1815

Genus **Anomia** LINNAEUS, 1758

293 - ***Anomia ephippium*** LINNAEUS, 1758

Genus **Pododesmus** PHILIPPI, 1837

Subgenus **Monia** GRAY J.E., 1850

294 - ***Pododesmus (Monia) glaucus*** (MONTEROSATO, 1884)

295 - ***Pododesmus (Monia) patelliformis*** (LINNAEUS, 1761)

Superfamilia **LIMOIDEA** RAFINESQUE, 1815
Familia LIMIDAE RAFINESQUE, 1815
Genus **Lima** BRUGUIERE, 1797
Subgenus **Lima** s.str.
296 - ***Lima (Lima) lima*** (LINNAEUS, 1758)

Subgenus **Limaria** LINK, 1807
297 - ***Lima (Limaria) exilis*** WOOD S.V., 1839
298 - ***Lima (Limaria) hians*** (GMELIN, 1791)

Genus **Limatula** WOOD S., 1839
299 - ***Limatula subauriculata*** (MONTAGU, 1808)

Genus **Notolimea** IREDALE, 1924
300 - ***Notolimea crassa*** (FORBES, 1844)

Ordo **OSTREOIDA** FERUSSAC, 1822
Subordo **OSTREINA** FERUSSAC, 1822
Superfamilia **OSTREOIDEA** RAFINESQUE, 1815
Familia OSTREIDAE RAFINESQUE, 1815
Subfamilia OSTREINAE RAFINESQUE, 1815
Tribù OSTREINI RAFINESQUE, 1815
Genus **Ostrea** LINNAEUS, 1758
301 - ***Ostrea edulis*** LINNAEUS, 1758

Subfamilia CRASSOSTREINAE TORIGOE, 1981
Tribù CRASSOSTREINI TORIGOE, 1981
Genus **Crassostrea** SACCO, 1897
302 - ***Crassostrea gigas*** (THUNBERG, 1793)
303 - ***Crassostrea virginica*** (GMELIN, 1791)

Genus **Ostreola** MONTEROSATO, 1884
304 - ***Ostreola parenzani*** SETTEPASSI, 1978

Familia GRYPHAEIDAE VYALOV, 1936
Subfamilia PYCNODONTEINAE STENZEL, 1959
Tribù NEOPYCNODONTEINI HARRY, 1985
Genus **Neopycnodonte** STENZEL, 1971
305 - ***Neopycnodonte cochlear*** (POLI, 1795)

Subclassis **HETERODONTA** NEUMAYR, 1884
Ordo **VENEROIDA** ADAMS H. & A., 1857
Superfamilia **LUCINOIDEA** FLEMING, 1828
Familia LUCINIDAE FLEMING, 1828
Subfamilia LUCININAE FLEMING, 1828
Genus **Ctena** MOERCH, 1860
306 - ***Ctena decussata*** (COSTA O.G., 1829)

Genus **Loripes** POLI, 1791
307 - ***Loripes lacteus*** (LINNAEUS, 1758)

Subfamilia DIVARICELLINAE VON MARTENS, 1880
Genus **Lucinella** MONTEROSATO, 1883
308 - ***Lucinella divaricata*** (LINNAEUS, 1758)

Subfamilia MILTHINAE CHAVAN IN MOORE, 1969
Genus **Anodontia** LINK, 1807
Subgenus **Loripinus** MONTEROSATO, 1883
309 - ***Anodontia (Loripinus) fragilis*** (PHILIPPI, 1836)

Subfamilia MYRTEINAE CHAVAN IN MOORE, 1969
Genus **Myrtea** TURTON, 1822
310 - ***Myrtea spinifera*** (MONTAGU, 1803)

Genus **Lucinoma** DALL, 1901
311 - ***Lucinoma boreale*** (LINNAEUS, 1767)

Familia THYASIRIDAE DALL, 1901
Genus **Thyasira** LAMARCK, 1818 ex LEACH ms.
312- ***Thyasira flexuosa*** (MONTAGU, 1803)

Superfamilia **CHAMOIDEA** BLAINVILLE, 1825
Familia CHAMIDAE BLAINVILLE, 1825
Genus **Chama** LINNAEUS, 1758
313 - ***Chama gryphoides*** LINNAEUS,1758

Superfamilia **GALEOMMATOIDEA** GRAY J.E., 1840
Familia GALEOMMATIDAE GRAY J.E., 1840
Genus **Galeomma** TURTON, 1825
Subgenus **Galeomma** s.str.
314 - ***Galeomma (Galeomma) turtoni*** TURTON, 1825

Familia KELLIIDAE FORBES & HANLEY, 1848
Subfamilia KELLIINAE FORBES & HANLEY, 1848
Genus **Kellia** TURTON, 1822
315 - ***Kellia compressa*** MILASCHEWITCH, 1909
316 - ***Kellia suborbicularis*** (MONTAGU, 1803)

Subfamilia BORNIINAE BERNARD F.R., 1983
Genus **Bornia** PHILIPPI, 1836
317 - ***Bornia sebetia*** (COSTA O.G., 1829)

Familia LASAEIDAE GRAY J.E., 1842
Subfamilia ERYCININAE DESHAYES, 1850
Genus **Hemilepton** COSSMANN & PEYROT, 1911
318 - ***Hemilepton nitidum*** (TURTON, 1822)

Familia MONTACUTIDAE CLARK W., 1852
Subfamilia MYSELLINAE BERNARD F.R., 1983
Genus **Mysella** ANGAS, 1877
319 - ***Mysella bidentata*** (MONTAGU, 1803)

Superfamilia **CYAMIOIDEA** PHILIPPI, 1845
Familia NEOLEPTONIDAE THIELE, 1934
Genus **Neolepton** MONTEROSATO, 1875
320 - ***Neolepton obliquatum*** CHASTER, 1897

Superfamilia **CARDITOIDEA** FLEMING, 1828
Familia CARDITIDAE FLEMING, 1828
Subfamilia CARDITAMERINAE CHAVAN in MOORE, 1969
Genus **Glans** VON MUEHLFELDT, 1811
Subgenus **Centrocardita** SACCO, 1899
321 - ***Glans (Centrocardita) aculeata*** (POLI, 1795)

Superfamilia **CARDIOIDEA** LAMARCK, 1809
Familia **CARDIIDAE** LAMARCK, 1809
Subfamilia **CARDIINAE** LAMARCK, 1809
Genus **Acanthocardia** GRAY J.E., 1851

Subgenus **Acanthocardia** s.str.
322 - ***Acanthocardia (Acanthocardia) aculeata*** (LINNAEUS, 1758)
323 - ***Acanthocardia (Acanthocardia) echinata*** (LINNAEUS, 1758)
324 - ***Acanthocardia (Acanthocardia) mucronata*** (POLI, 1795)
325 - ***Acanthocardia (Acanthocardia) paucicostata*** (SOWERBY G.B. II, 1841)

Subgenus **Rudicardium** COEN, 1914 ex MONTEROSATO ms.
326 - ***Acanthocardia (Rudicardium) tuberculata*** (LINNAEUS, 1758)

Genus **Parvicardium** MONTEROSATO, 1884
327 - ***Parvicardium minimum*** (PHILIPPI, 1836)

Genus **Plagiocardium** COSSMANN, 1887
Subgenus **Papillocardium** SACCO, 1899 ex MONTEROSATO ms.
328 - ***Plagiocardium (Papillocardium) papillosum*** (POLI, 1795)

Subfamilia LAEVICARDIINAE KEEN, 1936
Genus **Laevicardium** SWAINSON, 1840
329 - ***Laevicardium crassum*** (GMELIN, 1791)
330 - ***Laevicardium oblongum*** (GMELIN, 1791)

Genus **Cerastoderma** POLI, 1795
331 - ***Cerastoderma glaucum*** (POIRET, 1789)

Superfamilia **MACTROIDEA** LAMARCK, 1809
Familia MACTRIDAE LAMARCK, 1809
Subfamilia MACTRINAE LAMARCK, 1809
Genus **Mactra** LINNAEUS, 1767
332 - ***Mactra stultorum*** (LINNAEUS, 1758)

Genus **Spisula** GRAY J.E., 1837
333 - ***Spisula subtruncata*** (DA COSTA, 1778)

Superfamilia **SOLENOIDEA** LAMARCK, 1809
Familia SOLENIDAE LAMARCK, 1809
Subfamilia SOLENINAE LAMARCK, 1809
Genus **Solen** LINNAEUS, 1758
334 - ***Solen marginatus*** PULTENEY, 1799

Familia PHARELLIDAE TRYON, 1884
Genus **Ensis** SCHUMACHER, 1817
335 - ***Ensis ensis*** (LINNAEUS, 1758)
336 - ***Ensis minor*** (CHENU, 1843)

Genus **Phaxas** LEACH, 1852
337 - ***Phaxas adriaticus*** (COEN, 1933)

Superfamilia **TELLINOIDEA** BLAINVILLE, 1814
Familia TELLINIDAE BLAINVILLE, 1814
Subfamilia TELLININAE BLAINVILLE, 1814
Genus **Tellina** LINNAEUS, 1758
Subgenus **Angulus** VON MUEHLFELDT, 1811
338 - ***Tellina (Angulus) tenuis*** DA COSTA, 1778

Subgenus **Arcopagia** BROWN, 1827 ex LEACH ms.
339 - ***Tellina (Arcopagia) balaustina*** LINNAEUS, 1758

Subgenus **Fabulina** GRAY J.E., 1851
340 - ***Tellina (Fabulina) fabula*** GMELIN, 1791

Subgenus **Laciolina** IREDALE, 1937
341 - ***Tellina (Laciolina) incarnata*** LINNAEUS, 1758

Subgenus **Moerella** FISCHER P., 1887
342 - ***Tellina (Moerella) donacina*** LINNAEUS, 1758

Subgenus **Peronaea** POLI, 1791
343 - ***Tellina (Peronaea) planata*** LINNAEUS, 1758

Subgenus **Peronidia** DALL, 1900
344 - ***Tellina (Peronidia) nitida*** POLI, 1791

Subgenus **Serratina** PALLARY, 1922
345 - ***Tellina (Serratina) serrata*** BROCCHI, 1814

Subgenus **Tellinella** MOERCH, 1853 ex GRAY J.E. ms.
346 - ***Tellina (Tellinella) distorta*** POLI, 1791
347 - ***Tellina (Tellinella) pulchella*** LAMARCK, 1818

Subfamilia MACOMINAE OLSSON, 1961
Genus **Gastrana** SCHUMACHER, 1817
348 - ***Gastrana fragilis*** (LINNAEUS, 1758)

Familia DONACIDAE FLEMING, 1828
Genus **Donax** LINNAEUS, 1758
Subgenus **Donax** s.str.
349 - ***Donax (Donax) semistriatus*** POLI, 1795

Subgenus **Serrula** MOERCH, 1853
350 - ***Donax (Serrula) trunculus*** LINNAEUS, 1758

Familia PSAMMOBIIDAE FLEMING, 1828
Subfamilia PSAMMOBIINAE FLEMING, 1828
Genus **Psammobia** LAMARCK, 1818
Subgenus **Psammobia** s.str.
351 - ***Psammobia (Psammobia) fervensis*** (GMELIN, 1791)

Subgenus **Gobraeus** BROWN, 1844 ex LEACH ms.
352 - ***Psammobia (Gobraeus) depressa*** (PENNANT, 1777)

Subgenus **Psammobella** GRAY J.E., 1851
353 - ***Psammobia (Psammobella) costulata*** TURTON, 1822

Familia SCROBICULARIIDAE ADAMS H. & A., 1856
Genus **Scrobicularia** SCHUMACHER, 1816
354 - ***Scrobicularia cottardi*** (PAYRAUDEAU, 1826)
355 - ***Scrobicularia plana*** (DA COSTA, 1778)

Familia SEMELIDAE STOLICZKA, 1870 (1850)
Genus **Abra** LAMARCK, 1818
Subgenus **Abra** s.str.
356 - ***Abra (Abra) prismatica*** (MONTAGU, 1808)
357 - ***Abra (Abra) segmentum*** (RECLUZ, 1843)

Subgenus **Syndosmya** RECLUZ, 1843
358 - ***Abra (Syndosmya) alba*** (WOOD W., 1802)
359 - ***Abra (Syndosmya) longicallus*** (SCACCHI, 1834)
360 - ***Abra (Syndosmya) renierii*** (BRONN, 1831)

Familia SOLECURTIDAE D'ORBIGNY, 1846
Subfamilia SOLECURTINAE D'ORBIGNY, 1846
Genus **Solecurtus** BLAINVILLE, 1824
361 - ***Solecurtus scopula*** (TURTON, 1822)
362 - ***Solecurtus strigilatus*** (LINNAEUS, 1758)

Genus **Azorinus** RECLUZ, 1869
363 - ***Azorinus chamasolen*** (DA COSTA, 1778)

Genus **Pharus** GRAY J.E., 1840
364 - ***Pharus legumen*** (LINNAEUS, 1758)

Superfamilia ARCTICOIDEA NEWTON, 1891
Familia KELLIELLIDAE FISCHER P., 1887
Genus **Kelliella** SARS M., 1870
365 - ***Kelliella abyssicola*** (FORBES, 1844)

Familia TRAPEZIIDAE LAMY, 1920
Genus **Coralliophaga** BLAINVILLE, 1824
366 - ***Coralliophaga lithophagella*** (LAMARCK, 1819)

Superfamilia **GLOSSOIDEA** GRAY J.E., 1847
Familia GLOSSIDAE GRAY J.E., 1847
Genus **Glossus** POLI, 1795
367 - ***Glossus humanus*** (LINNAEUS, 1758)

Superfamilia **VENEROIDEA** RAFINESQUE, 1815
Familia VENERIDAE RAFINESQUE, 1815
Subfamilia VENERINAE RAFINESQUE, 1815
Genus **Venus** LINNAEUS, 1758
Subgenus **Venus** s.str.
368 - ***Venus (Venus) verrucosa*** LINNAEUS, 1758

Subgenus **Circomphalus** MOERCH, 1853
369 - ***Venus (Circomphalus) casina*** LINNAEUS, 1758

Subfamilia CHIONINAE FRIZZELL, 1936
Genus **Chamelea** MOERCH, 1853
370 - ***Chamelea gallina*** (LINNAEUS, 1758)

Genus **Clausinella** GRAY J.E., 1851
371 - ***Clausinella brongniartii*** (PAYRAUDEAU, 1826)

Genus **Timoclea** BROWN, 1827
372 - ***Timoclea ovata*** (PENNANT, 1777)

Subfamilia DOSINIINAE DESHAYES, 1853
Genus **Dosinia** SCOPOLI, 1777
Subgenus **Dosinia** s.str.
373 - ***Dosinia (Dosinia) lupinus*** (LINNAEUS, 1758)

Subgenus **Pectunculus** DA COSTA, 1778
374 - ***Dosinia (Pectunculus) exoleta*** (LINNAEUS, 1758)

Subfamilia PITARINAE STEWART, 1930
Genus **Pitar** ROEMER, 1857
375 - ***Pitar mediterranea*** TIBERI, 1855
376 - ***Pitar rudis*** (POLI, 1795)

Genus **Callista** POLI, 1791
377 - ***Callista chione*** (LINNAEUS, 1758)

Subfamilia TAPETINAE GRAY J.E., 1851
Genus **Tapes** VON MUEHLFELDT, 1811
Subgenus **Ruditapes** CHIAMENTI, 1900
378 - ***Tapes (Ruditapes) decussatus*** (LINNAEUS, 1758)
379 - ***Tapes (Ruditapes) philippinarum*** (ADAMS & REEVE, 1850)

Genus **Irus** SCHMIDT F.C., 1818
380 - ***Irus irus*** (LINNAEUS, 1758)

Genus **Paphia** ROEDING, 1798
Subgenus **Politapes** CHIAMENTI, 1900
381 - ***Paphia (Politapes) aurea*** (GMELIN, 1791)
382 - ***Paphia (Politapes) rhomboides*** (PENNANT, 1777)

Genus **Venerupis** LAMARCK, 1818
383 - ***Venerupis senegalensis*** (GMELIN, 1791)

Familia PETRICOLIDAE DESHAYES, 1839
Genus **Petricola** LAMARCK, 1801
Subgenus **Petricola** s.str.
384 - ***Petricola (Petricola) lithophaga*** (RETZIUS, 1786)

Genus **Mysia** LAMARCK, 1818 ex LEACH ms.
385 - ***Mysia undata*** (PENNANT, 1777)

Ordo **MYOIDA** STOLICZKA, 1870
Subordo **MYINA** STOLICZKA, 1870
Superfamilia **MYOIDEA** LAMARCK, 1809
Familia CORBULIDAE LAMARCK, 1818
Subfamilia CORBULINAE LAMARCK, 1818
Genus **Corbula** BRUGUIERE, 1797
Subgenus **Varicorbula** GRANT & GALE, 1931
386 - ***Corbula (Varicorbula) gibba*** (OLIVI, 1792)

Subfamilia LENTIDIINAE VOKES H.E., 1945
Genus **Lentidium** DE CRISTOFORI & JAN, 1832
387 - ***Lentidium mediterraneum*** (COSTA O.G., 1839)

Superfamilia **GASTROCHAENOIDEA** GRAY J.E., 1840
Familia GASTROCHAENIDAE GRAY J.E., 1840
Genus **Gastrochaena** SPENGLER, 1783
388 - ***Gastrochaena dubia*** (PENNANT, 1777)

Superfamilia **HIATELLOIDEA** GRAY J.E., 1824
Familia HIATELLIDAE GRAY J.E., 1824
Genus **Hiatella** BOSC, 1801 ex DAUDIN ms.
389 - ***Hiatella arctica*** (LINNAEUS, 1767)
390 - ***Hiatella rugosa*** (LINNAEUS, 1767)

Ordo **PHOLADINA** ADAMS H. & A., 1858
Superfamilia **PHOLADOIDEA** LAMARCK, 1809
Familia PHOLADIDAE LAMARCK, 1809
Subfamilia PHOLADINAE LAMARCK, 1809
Genus **Pholas** LINNAEUS, 1758
391 - ***Pholas dactylus*** LINNAEUS, 1758

Genus **Barnea** RISSO, 1826 ex LEACH ms.
Subgenus **Barnea** s.str.
392 - ***Barnea (Barnea) candida*** (LINNAEUS, 1758)

Familia TEREDINIDAE RAFINESQUE, 1815
Subfamilia TEREDININAE RAFINESQUE, 1815
Genus **Teredo** LINNAEUS, 1758
393 - ***Teredo navalis*** LINNAEUS, 1758
394 - ***Teredo utriculus*** GMELIN, 1791

Subfamilia BANKIINAE TURNER, 1966
Genus **Bankia** GRAY J.E., 1840
Subgenus **Lirodobankia** TURNER, 1966
395 - ***Bankia (Lirodobankia) carinata*** (GRAY J.E., 1827)

Subgenus **Neobankia** BARTSCH, 1921
396 - ***Bankia (Neobankia) bipennata*** (TURTON, 1819)

Familia XYLOPHAGIDAE PURCHON, 1941
Genus **Xylophaga** TURTON, 1822
397 - ***Xylophaga dorsalis*** (TURTON, 1819)

Subclassis **ANOMALODESMATA** DALL, 1889

Ordo **PHOLADOMYOIDA** NEWELL, 1965

Superfamilia **THRACIOIDEA** STOLICZKA, 1870
Familia THRACIIDAE STOLICZKA, 1870
Genus **Thracia** LEACH in BLAINVILLE, 1824
Subgenus **Thracia** s.str.
398 - ***Thracia (Thracia) convexa*** (WOOD W., 1815)
399 - ***Thracia (Thracia) corbuloides*** DESHAYES, 1830
400 - ***Thracia (Thracia) papyracea*** (POLI, 1791)
401 - ***Thracia (Thracia) pubescens*** (PULTENEY, 1799)

Subgenus **Ixartia** LEACH, 1852
402 - ***Thracia (Ixartia) distorta*** (MONTAGU, 1803)

Superfamilia PANDOROIDEA RAFINESQUE, 1815
Familia PANDORIDAE RAFINESQUE, 1815
Genus **Pandora** BRUGUIERE, 1797
403 - ***Pandora inaequivalvis*** (LINNAEUS, 1758)
404 - ***Pandora pinna*** (MONTAGU, 1803)

Superfamilia **CUSPIDARIOIDEA** DALL, 1886
Familia CUSPIDARIIDAE DALL, 1886
Genus **Cuspidaria** NARDO, 1840
Subgenus **Cuspidaria** s.str.
405 - ***Cuspidaria (Cuspidaria) cuspidata*** (OLIVI, 1792)
406 - ***Cuspidaria (Cuspidaria) rostrata*** (SPENGLER, 1793)

Genus **Cardiomya** ADAMS A., 1864
407 - ***Cardiomya costellata*** (DESHAYES, 1835)

Classis **SCAPHOPODA** BRONN, 1862

Familia DENTALIIDAE GRAY J.E., 1834
Genus **Dentalium** LINNAEUS, 1758
Subgenus **Antalis** ADAMS H. & A., 1854
408 - ***Dentalium (Antalis) inaequicostatum*** DAUTZENBERG, 1891

Genus **Fustiaria** STOLICZKA, 1868
409 - ***Fustiaria rubescens*** (DESHAYES, 1826)

Familia SIPHONODENTALIIDAE SIMROTH, 1895
Genus **Cadulus** PHILIPPI, 1844
Subgenus **Gadila** GRAY J.E., 1847
410 - ***Cadulus (Gadila) jeffreysi*** (MONTEROSATO, 1875)

Genus **Entalina** MONTEROSATO, 1872
411 - ***Entalina tetragona*** (BROCCHI, 1814)

Genus **Pulsellum** STOLICZKA, 1868
412 - ***Pulsellum lofotense*** (SARS M., 1865)

Classis **CEPHALOPODA** CUVIER, 1798

Subclassis **COLEOIDEA** BATHER, 1888

Ordo **SEPIOIDEA** NAEF, 1916
Familia SEPIIDAE LEACH, 1817
Genus **Sepia** LINNAEUS, 1758
413 - ***Sepia elegans*** BLAINVILLE, 1827
414 - ***Sepia officinalis*** LINNAEUS, 1758

Ordo **TEUTHOIDEA** NAEF, 1916
Subordo **MYOPSIDA** D'ORBIGNY in FERUSSAC & D'ORBIGNY, 1840
Familia LOLIGINIDAE D'ORBIGNY, 1839
Genus **Loligo** LAMARCK, 1798
415 - ***Loligo vulgaris*** LAMARCK, 1798

Subordo **OEGOPSIDA** D'ORBIGNY, 1845
Familia OMMASTREPHIDAE STEENSTRUP, 1857
Subfamilia TODARODINAE ADAM, 1960
Genus **Todarodes** STEENSTRUP, 1880
416 - ***Todarodes sagittatus*** (LAMARCK, 1798)

Ordo **OCTOPODA** LEACH, 1818
Subordo **INCIRRATA** GRIMPE, 1916
Familia ARGONAUTIDAE CANTRAINE, 1841
Genus **Argonauta** LINNAEUS, 1758
417 - ***Argonauta argo*** LINNAEUS, 1758

ATLANTE DELLE CONCHIGLIE DEL MEDIO ADRIATICO

PARTE III

ATLANTE DELLE CONCHIGLIE DEL MEDIO ADRIATICO

Classis **POLYPLACOPHORA** GRAY J.E., 1821

001 - ***Lepidopleurus (Lepidopleurus) cajetanus*** (POLI, 1791)	mm 15-25	P
002 - ***Lepidopleurus (Leptochiton) cancellatus*** (SOWERBY G.B. II, 1840)	mm 4-8	R
003 - ***Hanleya hanleyi*** (BEAN in THORPE, 1844)	mm 2-4	R
004 - ***Ischnochiton (Ischnochiton) rissoi*** (PAYRAUDEAU, 1826)	mm 12-18	P
005 - ***Callochiton septemvalvis euplaeae*** (COSTA O.G., 1829)	mm 3-8	R
006 - ***Lepidochitona cinerea*** (LINNAEUS, 1767)	mm 12-16	R
007 - ***Lepidochitona caprearum*** (SCACCHI, 1836)	mm 14-17	A
008 - ***Chiton (Rhyssoplax) olivaceus*** SPENGLER, 1797	mm 10-18	F
008 A - ***Chiton (Rhyssoplax) olivaceus*** SPENGLER, 1797 (freak)	mm 10-18	F
009 - ***Acanthochitona fascicularis*** (LINNAEUS, 1767)	mm 8-12	P

001

002

003

004

005

006

007

008

008 A

009

Classis **GASTROPODA** CUVIER, 1797

010 - ***Patella caerulea*** LINNAEUS, 1758	mm 25-45	A
011 - ***Patella rustica*** LINNAEUS, 1758	mm 20-35	A
012 - ***Patella ulyssiponensis*** GMELIN, 1791	mm 25-45	C
013 - ***Lepetella labronica*** (BOGI, 1984)	mm 2-3	R
014 - ***Lepetella laterocompressa*** (DE RAYNEVAL & PONZI, 1854)	mm 2-4	P
015 - ***Addisonia lateralis*** (REQUIEN, 1848)	mm 6-12	R
016 - ***Copulabyssia corrugata*** (JEFFREYS, 1883)	mm 3-5	R
017 - ***Diodora gibberula*** (LAMARCK, 1822)	mm 10-18	P
018 - ***Diodora graeca*** (LINNAEUS, 1758)	mm 15-32	P
019 - ***Diodora italica*** (DEFRANCE, 1820)	mm 30-50	P
020 - ***Emarginula adriatica*** COSTA O.G., 1829	mm 10-16	R
021 - ***Emarginula fissura*** (LINNAEUS, 1758)	mm 8-10	R
022 - ***Emarginula octaviana*** COEN, 1939	mm 8-12	P

010

011

012

013

014

015

016

017

018

019

020 021

020 021

022

023 - ***Emarginula rosea*** BELL T., 1824	mm 4-7	R
024 - ***Emarginula sicula*** GRAY, 1825	mm 10-15	R
025 - ***Emarginella huzardii*** (PAYRAUDEAU, 1826)	mm 8-12	R
026 - ***Scissurella costata*** D'ORBIGNY, 1824	mm 1-2	R
027 - ***Anatoma crispata*** FLEMING, 1828	mm 1-3	R
028 - ***Haliotis tuberculata lamellosa*** LAMARCK, 1822	mm 40-70	F
028 A - ***Haliotis tuberculata lamellosa*** LAMARCK, 1822	mm 40-70	F
029 - ***Clanculus (Clanculopsis) cruciatus*** (LINNAEUS, 1758)	mm 6-8	F
030 - ***Calliostoma (Calliostoma) laugieri laugieri*** (PAYRAUDEAU, 1826)	mm 6-12	P
031 - ***Calliostoma (Calliostoma) zizyphinum*** (LINNAEUS, 1758)	mm 20-38	P

023

024

025

026

027

028

028 A

029

030

031

032 - ***Calliostoma (Ampullotrochus) granulatum*** (VON BORN, 1778)	mm 20-30	C
033 - ***Gibbula (Gibbula) albida*** (GMELIN, 1791)	mm 12-20	P
034 - ***Gibbula (Gibbula) magus*** (LINNAEUS, 1758)	mm 15-30	P
035 - ***Gibbula (Colliculus) adansonii adansonii*** (PAYRAUDEAU, 1826)	mm 8-12	F
036 - ***Gibbula (Colliculus) adriatica*** (PHILIPPI, 1844)	mm 9-11	P
037 - ***Gibbula (Phorcus) philberti*** (RECLUZ, 1843)	mm 8-11	P
038 - ***Gibbula (Phorcus) varia*** (LINNAEUS, 1758)	mm 8-15	F
039 - ***Gibbula (Steromphala) divaricata*** (LINNAEUS, 1758)	mm 12-20	F
040 - ***Danilia otaviana*** (CANTRAINE, 1835)	mm 5-7	R
041 - ***Monodonta (Osilinus) articulata*** LAMARCK, 1822	mm 15-25	P
042 - ***Monodonta (Osilinus) mutabilis*** (PHILIPPI,1846)	mm 12-20	C
043 - ***Monodonta (Osilinus) turbinata*** (VON BORN, 1778)	mm 15-40	A

032

033

034

035

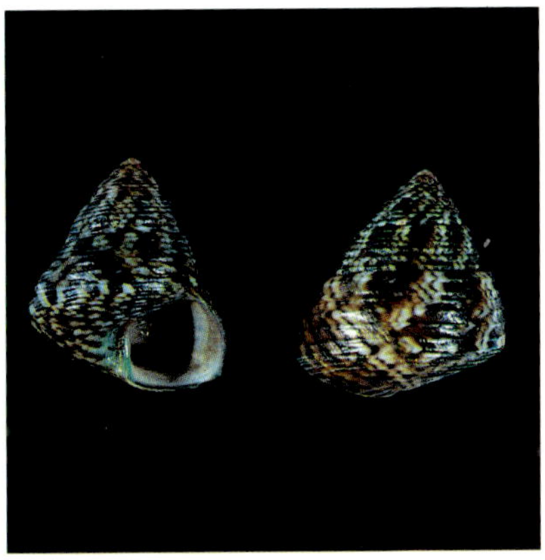
036

037

038

039

040

041

042

043

044 - ***Jujubinus exasperatus*** (PENNANT, 1777)	mm 4-7	F
045 - ***Anekes sabellii*** BOGI & NOFRONI, 1989	mm 0,5-1	R
045 A - ***Anekes sabellii*** BOGI & NOFRONI, 1989	mm 0,5-1	R
046 - ***Tricolia pullus pullus*** (LINNAEUS, 1758)	mm 5-7	F
046 A - ***Tricolia pullus pullus*** (LINNAEUS, 1758)	mm 5-7	F
047 - ***Cerithium alucaster*** (BROCCHI, 1814)	mm 60-80	P
048 - ***Cerithium vulgatum*** BRUGUIERE, 1792	mm 45-60	F
049 - ***Bittium latreillii*** (PAYRAUDEAU, 1826)	mm 8-13	F
050 - ***Bittium reticulatum*** (DA COSTA, 1778)	mm 6-14	C
051 - ***Bittium scabrum*** (OLIVI, 1792)	mm 8-13	P
052 - ***Cerithidium submamillatum*** (DE RAYNEVAL & PONZI, 1854)	mm 2-4	P
053 - ***Fossarus ambiguus*** (LINNAEUS, 1758)	mm 3-5	R
054 - ***Turritella communis*** RISSO, 1826	mm 30-60	A
055 - ***Littorina (Melaraphe) neritoides*** (LINNAEUS, 1758)	mm 4-8	A

044

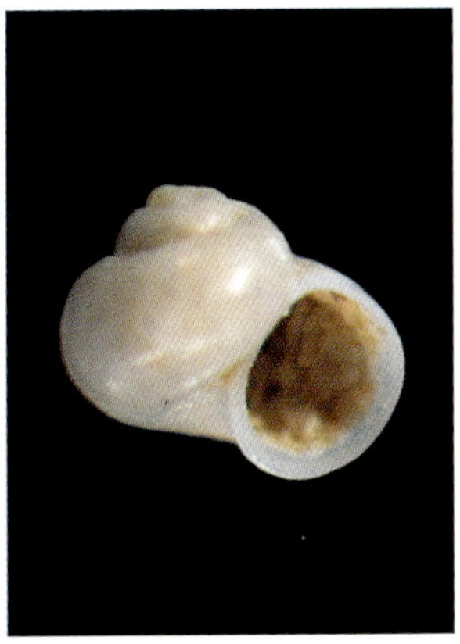
045

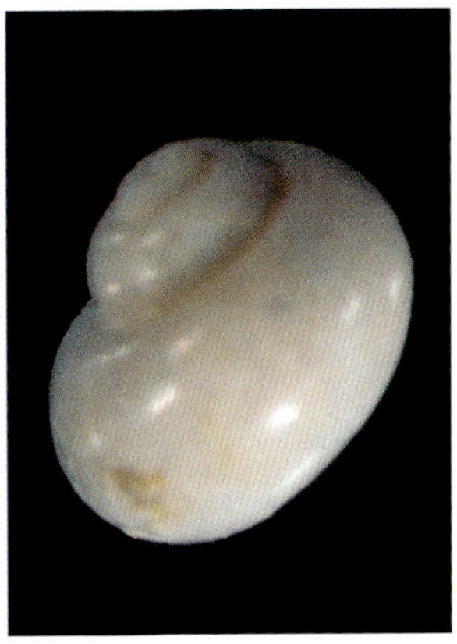
045 A

046

047 048

046 A

049

050

051

052

053

054

055

056 - ***Rissoa auriscalpium*** (LINNAEUS, 1758)	mm 4-8	P
057 - ***Rissoa decorata*** PHILIPPI, 1846	mm 4-6	P
058 - ***Rissoa guerinii*** RECLUZ, 1843	mm 4-6	R
059 - ***Rissoa labiosa*** (MONTAGU, 1803)	mm 4-6	P
060 - ***Rissoa splendida*** EICHWALD, 1830	mm 3-6	F
061 - ***Rissoa variabilis*** (VON MUEHLFELDT, 1824)	mm 6-9	P
061 A - ***Rissoa variabilis*** (VON MUEHLFELDT, 1824)	mm 6-9	P
062 - ***Rissoa violacea violacea*** DESMAREST, 1814	mm 4-6	P
063 - ***Alvania (Alvania) beani*** (HANLEY in THORPE, 1844)	mm 2-3	R
064 - ***Alvania (Alvania) cancellata*** (DA COSTA, 1778)	mm 2-4	P
065 - ***Alvania (Alvania) cimex*** (LINNAEUS, 1758)	mm 3-5	F
065 A - ***Alvania (Alvania) cimex*** (LINNAEUS, 1758)	mm 3-5	F
066 - ***Alvania (Alvania) cimicoides*** (FORBES, 1844)	mm 2-4	P
067 - ***Alvania (Alvania) discors*** (ALLAN, 1818)	mm 4-5	F
068 - ***Alvania (Alvania) hispidula*** (MONTEROSATO, 1884)	mm 3-4	R
069 - ***Alvania (Alvania) geryonia*** (NARDO, 1847 ex CHIEREGHINI ms.)	mm 3-4	P

056

057

058

059

060

061

061 A

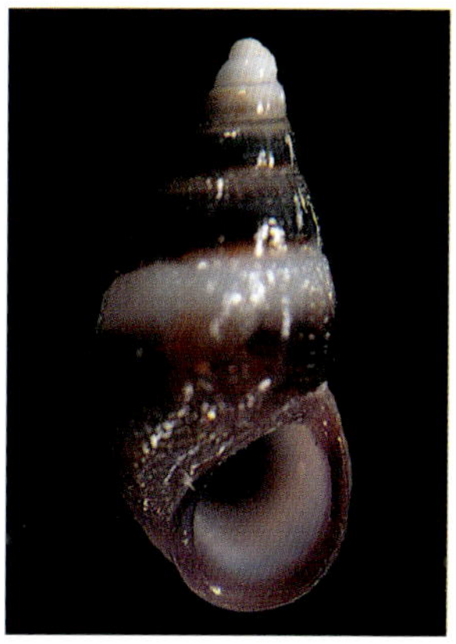
062

063

064

065

065 A

066

067

068

069

070 - ***Alvania (Alvania) lactea*** (MICHAUD, 1832)	mm 4-5,5	F
071 - ***Alvania (Alvania) punctura*** (MONTAGU, 1803)	mm 1,5-2,5	P
072 - ***Alvania (Alvania) rudis*** (PHILIPPI, 1844)	mm 2,5-4	P
073 - ***Alvania (Alvania) testae*** (ARADAS & MAGGIORE, 1844)	mm 2-3	P
074 - ***Manzonia (Alvinia) zetlandica*** (MONTAGU, 1815)	mm 2,5-4	R
075 - ***Obtusella intersecta*** (WOOD S.W., 1857)	mm 0,4-1	P
076 - ***Obtusella macilenta*** (MONTEROSATO, 1880)	mm 0,2-0,8	P
077 - ***Pusillina inconspicua*** (ALDER, 1844)	mm 2,5-3,5	P
078 - ***Pusillina philippi*** (ARADAS & MAGGIORE, 1844)	mm 0,5-1,2	P
079 - ***Pusillina*** species	mm 0,7	
080 - ***Rissoina (Rissoina) bruguieri*** (PAYRAUDEAU, 1826)	mm 5-8	F
081 - ***Circulus striatus*** (PHILIPPI, 1836)	mm 1,5-2,5	R
081 A - ***Circulus striatus*** (PHILIPPI, 1836)	mm 1,5-2,5	R
082 - ***Caecum auriculatum*** DE FOLIN, 1868	mm 1,5-2,5	R
083 - ***Caecum trachea*** (MONTAGU, 1803)	mm 3-4	F
084 - ***Ceratia proxima*** (FORBES & HANLEY, 1850 ex ALDER ms.)	mm 1,5-2,5	P

070

071

072

073

074

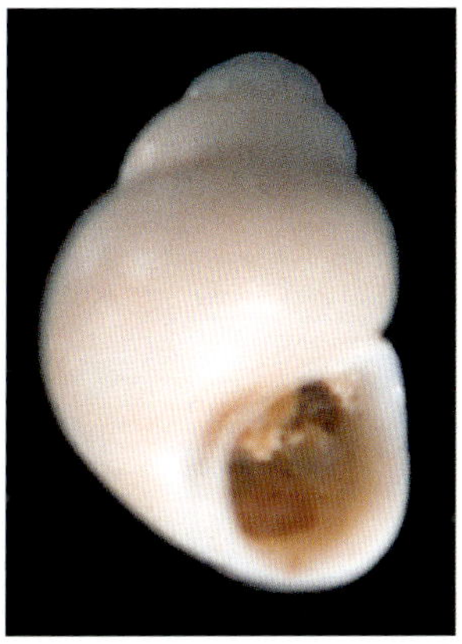
075

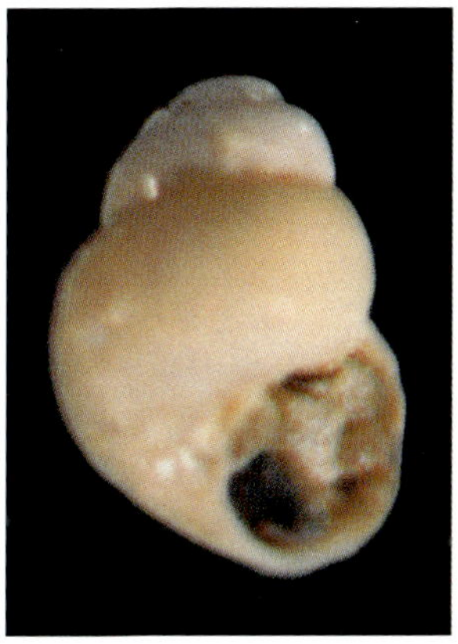
076

077

078

079

080

081

081 A

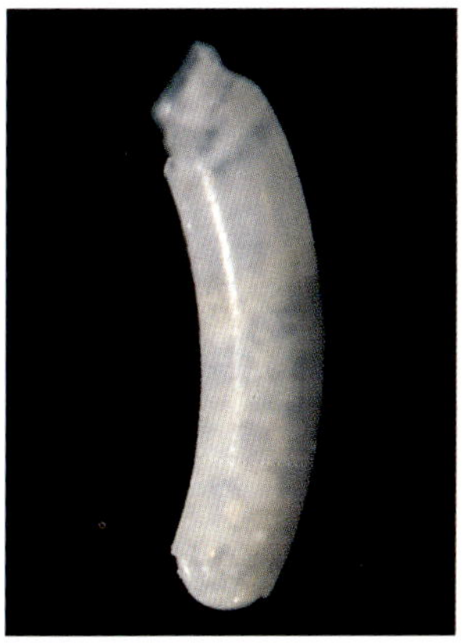
082

083

084

085 - ***Hyala vitrea*** (MONTAGU, 1803)	mm 3-5	C
086 - ***Tornus subcarinatus*** (MONTAGU, 1803)	mm 1-2,5	F
087 - ***Aporrhais pespelecani*** (LINNAEUS, 1758)	mm 30-50	A
087 A - ***Aporrhais pespelecani*** f. ***michaudi*** LOCARD, 1888	mm 30-50	A
088 - ***Aporrhais serresianus*** (MICHAUD, 1828)	mm 30-45	P
089 - ***Calyptraea chinensis*** (LINNAEUS, 1758)	mm 5-15	C
090 - ***Crepidula unguiformis*** LAMARCK, 1822	mm 15-20	P
091 - ***Capulus ungaricus*** (LINNAEUS, 1758)	mm 25-60	P
091 A - ***Capulus ungaricus*** (LINNAEUS, 1758)	mm 25-60	P
092 - ***Vermetus (Vermetus) triquetrus*** BIVONA ANT., 1832	mm 10-40	C
093 - ***Zonaria (Zonaria) pyrum*** (GMELIN, 1791)	mm 30-40	R
094 - ***Aperiovula adriatica*** (SOWERBY G.B. I, 1828)	mm 20-25	P
095 - ***Neosimnia spelta*** (LINNAEUS, 1758)	mm 9-12	P
096 - ***Simnia purpurea*** RISSO, 1826	mm 10-15	R

085

086

087

087 A

088

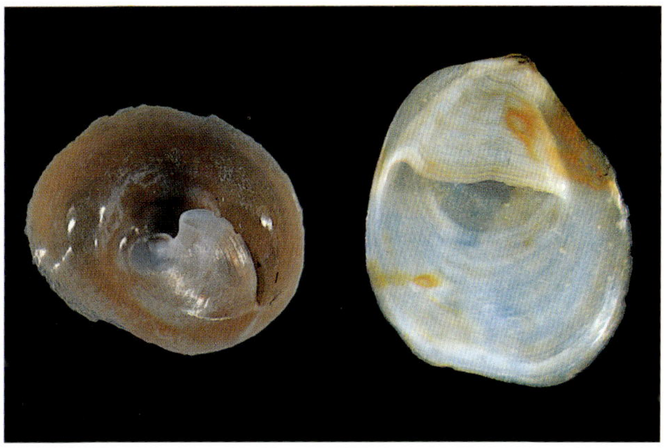
089 090

091

091 A

092

093

094

095

096

097 - ***Trivia arctica*** (PULTENEY, 1789)	mm 7-9	P
097 A - ***Trivia arctica*** (PULTENEY, 1789)	mm 7-9	P
098 - ***Trivia multilirata*** (SOWERBY G.B. II, 1870)	mm 8-14	R
099 - ***Erato voluta*** (MONTAGU, 1803)	mm 5-9	R
100 - ***Natica (Naticarius) stercusmuscarum*** (GMELIN, 1791)	mm 25-35	A
101 - ***Euspira fusca*** (BLAINVILLE, 1825)	mm 20-30	P
102 - ***Euspira macilenta*** (PHILIPPI, 1844)	mm 8-12	F
103 - ***Euspira nitida*** (DONOVAN, 1804)	mm 6-10	F
104 - ***Neverita josephinia*** RISSO, 1826	mm 20-35	A
105 - ***Tonna galea*** (LINNAEUS, 1758)	mm 120-180	R

097

097A

098

099

100

101

102

103

104

105

106 - ***Galeodea echinophora*** f. ***adriatica*** (COEN, 1914)	mm 45-100	A
106 A - ***Galeodea echinophora*** f. ***adriatica*** (COEN, 1914)	mm 45-100	A
106 B - ***Galeodea echinophora*** cf f. ***obsoleta*** B.D.D., 1882	mm 45-100	A
106 C - ***Galeodea echinophora*** (LINNAEUS, 1758)	mm 45-90	A
106 D - ***Galeodea echinophora*** f. ***provincialis*** (MARTIN, 1851)	mm 45-80	A
107 - ***Carinaria mediterranea*** BLAINVILLE, 1825	mm 15-30	R
108 - ***Marshallora adversa*** (MONTAGU, 1803)	mm 6-11	R
109 - ***Monophorus perversus*** (LINNAEUS, 1758)	mm 8-14	P
110 - ***Metaxia metaxa*** (DELLE CHIAJE, 1828)	mm 8-12	P

106

106 A

106 B

106 C

106 D

107

108

109

110

111 - ***Cerithiopsis diadema*** MONTEROSATO, 1874 ex WATSON ms.	mm 3-5	P
112 - ***Cerithiopsis tubercularis*** (MONTAGU, 1803)	mm 4-7	P
113 - ***Cerithiopsis*** species	mm 8	
114 - ***Aclis ascaris*** (TURTON, 1819)	mm 2,2-2,7	R
115 - ***Aclis attenuans*** JEFFREYS, 1883	mm 1,5-2,2	R
116 - ***Aclis gulsonae*** (CLARK W., 1850)	mm 2-3,5	R
117 - ***Aclis minor*** (BROWN, 1827)	mm 5-7	R
118 - ***Graphis gracilis*** (MONTEROSATO, 1874 ex JEFFREYS ms.)	mm 2-2,5	R
119 - ***Epitonium aculeatum*** (ALLAN, 1818)	mm 2,5-4	R
120 - ***Epitonium celesti*** (ARADAS, 1854)	mm 18-22	R
121 - ***Epitonium commune*** (LAMARCK, 1822)	mm 15-40	C
122 - ***Epitonium turtoni*** (TURTON, 1819)	mm 20-55	F
123 - ***Epitonium*** species	mm 7	
124 - ***Opalia (Nodiscala) abbotti*** CLENCH & TURNER, 1952	mm 3,5-5	R
125 - ***Eulima bilineata*** ALDER, 1848	mm 4-8	P
126 - ***Eulima glabra*** (DA COSTA, 1778)	mm 8-12	P

111

112

113

114

115

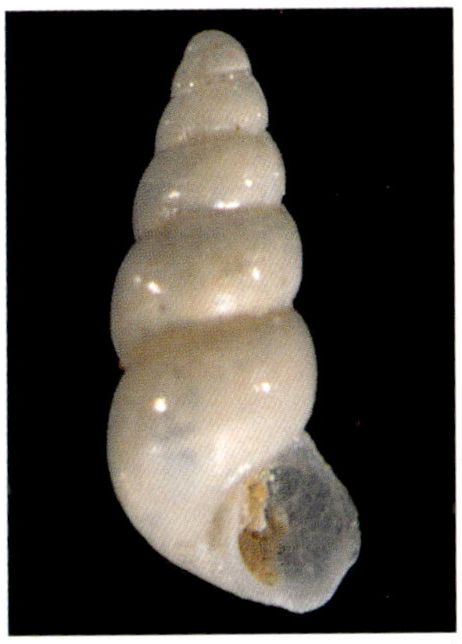
116

117

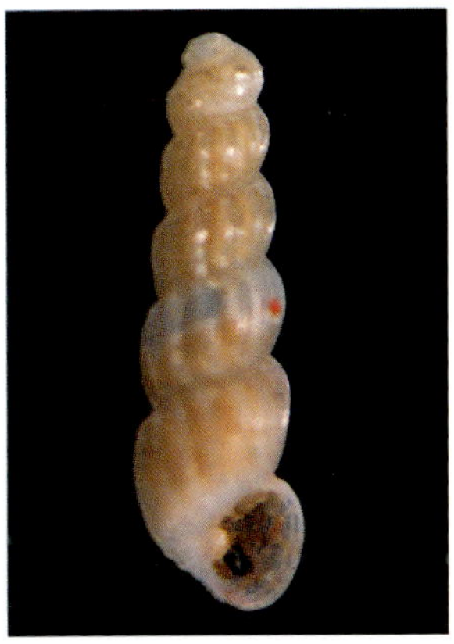
118

119

120

121

122

123

124

125

126

127 - ***Haliella stenostoma*** (JEFFREYS, 1858)	mm 3-5	P
128 - ***Melanella boscii*** (PAYRAUDEAU, 1827)	mm 4-7	R
129 - ***Melanella polita*** (LINNAEUS, 1758)	mm 8-10	F
130 - ***Sticteulima jeffreysiana*** (BRUSINA, 1869)	mm 3-5	R
131 - ***Vitreolina curva*** (MONTEROSATO, 1874 ex JEFFREYS ms.)	mm 1-2,5	P
132 - ***Bolinus brandaris*** (LINNAEUS, 1758)	mm 65-90	C
132 A - ***Bolinus brandaris*** (LINNAEUS, 1758)	mm 68-90	C
132 B - ***Bolinus brandaris*** (LINNAEUS, 1758) (freak)	mm 71	
133 - ***Hadriania oretea*** (DE GREGORIO, 1885)	mm 20-40	C
133 A - ***Hadriania oretea*** (DE GREGORIO, 1885) (f. di profondità)	mm 20-40	R
134 - ***Hexaplex trunculus*** (LINNAEUS, 1758)	mm 50-90	C
135 - ***Muricopsis cristata*** (BROCCHI, 1814)	mm 10-25	P
135 A - ***Muricopsis cristata*** var. ***inermis*** (PHILIPPI, 1836)	mm 12-20	P

127

128

129

130

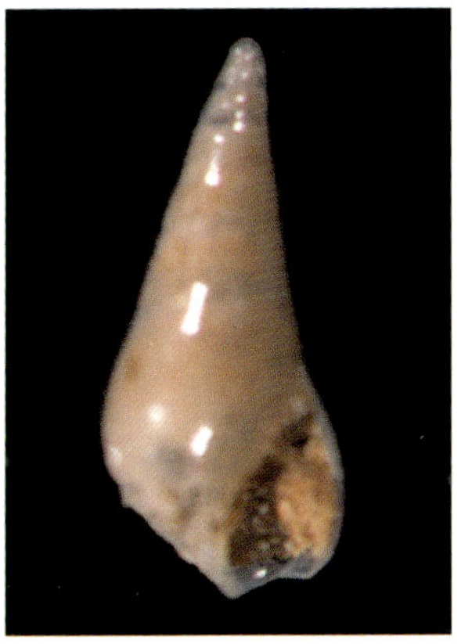

131

132

132 A

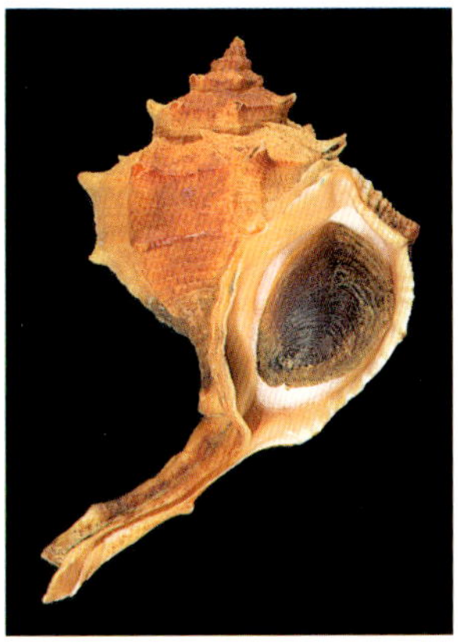

132 B

133

133 A

134

135

135 A

136 - ***Ocenebra erinaceus*** (LINNAEUS, 1758)	mm 25-40	A
137 - ***Ocinebrina aciculata*** (LAMARCK, 1822)	mm 5-8	P
138 - ***Ocinebrina edwardsii*** (PAYRAUDEAU, 1826)	mm 8-12	F
139 - ***Trophon muricatus*** (MONTAGU, 1803)	mm 8-16	R
139 A - ***Trophon muricatus*** f. ***barvicensis*** (JOHNSTON, 1825)	mm 8-16	R
140 - ***Buccinulum corneum*** (LINNAEUS, 1758)	mm 40-55	P
141 - ***Pisania striata*** (GMELIN, 1791)	mm 18-22	F
142- ***Coralliophila squamosa*** (BIVONA, 1838)	mm 25-40	P
143 - ***Fusinus (Fusinus) rostratus*** (OLIVI, 1792)	mm 30-55	F
144 - ***Nassarius (Gussonea) corniculus*** (OLIVI, 1792)	mm 10-15	F
145 - ***Nassarius (Hima) incrassatus*** (STROEM, 1768)	mm 8-12	C
146 - ***Nassarius (Hima) pygmaeus*** (LAMARCK, 1822)	mm 5-9	A
147 - ***Nassarius (Hinia) reticulatus*** (LINNAEUS, 1758)	mm 20-40	A
147 A - ***Nassarius (Hinia) reticulatus*** (LINNAEUS, 1758)	mm 20-40	A

136

137

138

139

139 A

140

141

142

143

144

145

146

147

147 A

148 - ***Nassarius (Sphaeronassa) mutabilis*** (LINNAEUS, 1758)	mm 20-35	A
149 - ***Nassarius (Telasco) costulatus cuvierii*** (PAYRAUDEAU, 1826)	mm 10-18	C
150 - ***Nassarius (Uzita) lima*** (DILLWYN, 1817)	mm 25-40	C
151 - ***Cyclope (Cyclope) neritea*** (LINNAEUS, 1758)	mm 8-11	A
152 - ***Rapana venosa*** (VALENCIENNES, 1846)	mm 80-115	F
152 A - ***Rapana venosa*** (VALENCIENNES, 1846)	mm 80-115	F
153 - ***Stramonita haemastoma*** (LINNAEUS, 1766)	mm 40-70	R
154 - ***Vexillum (Pusia) ebenus*** (LAMARCK, 1811)	mm 15-25	P
155 - ***Vexillum (Pusia) littorale*** (FORBES, 1844)	mm 6-9	P
156 - ***Vexillum (Pusia) savignyi*** (PAYRAUDEAU, 1826)	mm 7-9	P
157 - ***Vexillum (Pusia) tricolor*** (GMELIN, 1791)	mm 7-9	F

148

149

150

152

151

152 A

153

154

154 A

155

156

157

158 - ***Gibberula miliaria*** (LINNAEUS, 1758)	mm 4-5	P
159 - ***Gibberula philippii*** (MONTEROSATO, 1878)	mm 2-3	P
160 - ***Granulina clandestina*** (BROCCHI, 1814)	mm 1,5-2,5	P
161 - ***Mitra zonata*** MARRYAT, 1818	mm 60-90	P
162 - ***Conus mediterraneus*** HWASS in BRUGUIERE, 1792	mm 20-35	P
163 - ***Bela brachystoma*** (PHILIPPI, 1844)	mm 3-5	F
164 - ***Bela laevigata*** (PHILIPPI, 1836)	mm 7-10	C
165 - ***Bela nebula*** (MONTAGU, 1803)	mm 7-10	C
166 - ***Mangelia coarctata*** (FORBES, 1840)	mm 6-10	P
167 - ***Mangelia costata*** (DONOVAN, 1804)	mm 5-8	P
168 - ***Mangelia nuperrima*** (TIBERI, 1855)	mm 6-12	R
169 - ***Mangelia smithii*** (FORBES, 1840)	mm 4-6	P
170 - ***Mangelia unifasciata*** (DESHAYES, 1835)	mm 4-7	P
171 - ***Mangelia vauquelini*** (PAYRAUDEAU, 1826)	mm 6-12	P
172 - ***Mangiliella sandrii*** (BRUSINA, 1865)	mm 4-8	P

158

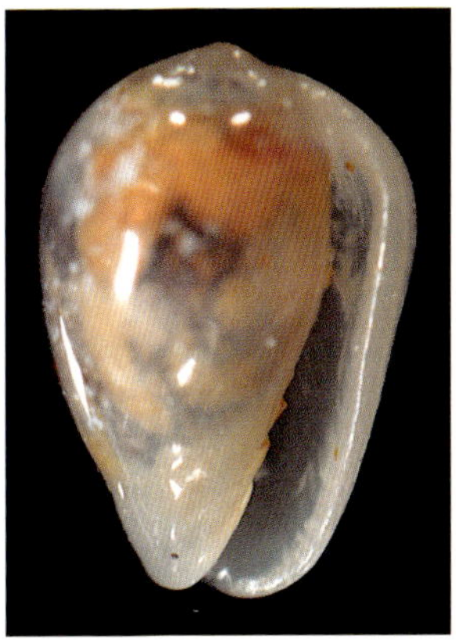

159

160

161

162

163

164

165

166

167

168

169

170

171

172

173 - ***Drilliola emendata*** (MONTEROSATO, 1872)	mm 7-8	P
174 - ***Microdrillia loprestiana*** (CALCARA, 1841)	mm 2-5	F
175 - ***Haedropleura septangularis*** (MONTAGU, 1803) juv.	mm 9-12	P
176 - ***Crassopleura incrassata*** (DUJARDIN, 1837)	mm 5-12	R
177 - ***Raphitoma (Raphitoma) aequalis*** (JEFFREYS, 1867)	mm 5-8	R
178 - ***Raphitoma (Raphitoma) linearis*** (MONTAGU, 1803)	mm 7-12	P
179 - ***Raphitoma (Leufroyia) leufroyi*** (MICHAUD, 1828)	mm 12-16	P
180 - ***Philbertia cordieri*** (PAYRAUDEAU, 1826)	mm 5-10	P
181 - ***Comarmondia gracilis*** (MONTAGU, 1803)	mm 20-25	R
182 - ***Teretia teres*** (REEVE, 1844)	mm 6-8	P
183 - ***Heliacus (Grandeliacus) subvariegatus*** (D'ORBIGNY, 1852)	mm 12-16	R
184 - ***Pseudotorinia architae*** (COSTA O.G., 1841)	mm 5-8	R
184 A - ***Pseudotorinia architae*** (COSTA O.G., 1841)	mm 5-8	R
185 - ***Rissoella diaphana*** (ALDER, 1848)	mm 1-1,5	P
186 - ***Pyramidella minuscola*** MONTEROSATO, 1880	mm 1-1,5	R

173

174

175

176

177

178

179

180

181

182

183

184

184 A

185

186

187 -	***Chrysallida brusinai*** (COSSMANN, 1921)	mm 1,5-2	R
188 -	***Chrysallida dollfusi*** (KOBELT, 1903)	mm 6-9	P
189 -	***Chrysallida doliolum*** (PHILIPPI, 1844)	mm 2-3	F
190 -	***Chrysallida flexuosa*** (MONTEROSATO, 1874 ex JEFFREYS ms.)	mm 1,5-2,5	P
191 -	***Chrysallida juliae*** (DE FOLIN, 1872)	mm 2,5-3,5	P
192 -	***Chrysallida obtusa*** (T. BROWN, 1827)	mm 1,5-3	P
193 -	***Chrysallida palazzii*** MICALI, 1984	mm 1,5-2	R
194 -	***Chrysallida stefanisi*** (JEFFREYS, 1869)	mm 1,5-2	R
195 -	***Chrysallida suturalis*** (PHILIPPI, 1844)	mm 1,5-2,5	P
196 -	***Chrysallida ?*** species	mm 1,2-2	
197 -	***Clathrella clathrata*** (PHILIPPI, 1844)	mm 5-6	R
198 -	***Folinella excavata*** (PHILIPPI, 1836)	mm 2,5-3,5	F
199 -	***Folinella ghisottii*** VAN AARTSEN, 1984	mm 2-3	R
200 -	***Tragula fenestrata*** (JEFFREYS, 1848)	mm 2,5-3,5	P
201 -	***Eulimella acicula*** (PHILIPPI, 1836)	mm 2,5-5	P

187

188

189

190

191

192

193

194

195

196

197

198

199

200

201

202 - ***Eulimella scillae*** (SCACCHI, 1835)	mm 5-8	P
203 - ***Eulimella turris*** (FORBES, 1844)	mm 5-7	P
204 - ***Eulimella ventricosa*** (FORBES, 1844)	mm 3-4	P
205 - ***Eulimella*** species	mm 3,5	
206 - ***Anisocycla pointeli*** (FOLIN, 1867)	mm 2-3	P
207 - ***Syrnola minuta*** ADAMS H., 1869	mm 2-3	P
208 - ***Syrnola unifasciata*** (FORBES, 1844)	mm 3,5-5,5	R
209 - ***Odostomia (Odostomia) acuta*** JEFFREYS, 1848	mm 1,5-2	P
210 - ***Odostomia (Odostomia) lukisii*** JEFFREYS, 1859	mm 1-2	P
211 - ***Odostomia (Odostomia) turriculata*** MONTEROSATO, 1869	mm 2-3	F
212 - ***Odostomia (Odostomia) turrita*** HANLEY, 1844	mm 0,8-1,3	P
213 - ***Odostomia (Odostomia) unidentata*** (MONTAGU, 1803)	mm 2-3	P
214 - ***Odostomia (Auristomia) erjaveciana*** BRUSINA, 1869	mm 1-2	F
215 - ***Odostomia (Auristomia)*** species	mm 1	
216 - ***Odostomia (Doliella) nitens*** JEFFREYS, 1870	mm 1,8-2,2	P
217 - ***Odostomia (Liostomia) clavulus*** (LOVEN, 1846)	mm 1-2	P

202

203

204

205

206

207

208

209
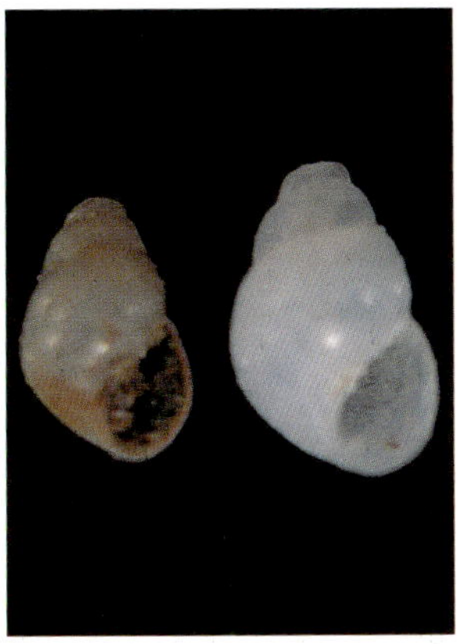
210

211

212

213

214

215

216

217

218 - ***Odostomia (Megastomia) conoidea*** (BROCCHI, 1814)	mm 2,5-3,2	P
219 - ***Odostomia (Megastomia) conspicua*** ALDER, 1850	mm 1,8-2,3	P
220 - ***Ondina diaphana dilucida*** (MONTEROSATO, 1884)	mm 1-2	R
221 - ***Turbonilla delicata*** MONTEROSATO, 1874	mm 4-5	P
222 - ***Turbonilla gradata*** B.D.D., 1883	mm 3-5	P
223 - ***Turbonilla lactea*** (LINNAEUS, 1758)	mm 4-8	P
224 - ***Turbonilla pusilla*** (PHILIPPI, 1844)	mm 1-3	P
225 - ***Turbonilla rufa*** (PHILIPPI, 1836)	mm 5-8	F
226 - ***Acteon tornatilis*** (LINNAEUS, 1758)	mm 10-20	C
227 - ***Retusa semisulcata*** (PHILIPPI, 1836)	mm 2,8-3,2	F
228 - ***Cylichnina umbilicata*** (MONTAGU, 1803)	mm 2-4	P
229 - ***Volvulella acuminata*** (BRUGUIERE, 1792)	mm 2-3	P
230 - ***Haminoea navicula*** (DA COSTA, 1778)	mm 15-25	C
230 A - ***Haminoea navicula*** (DA COSTA, 1778)	mm 15-25	C
231 - ***Atys jeffreysi*** (WEINKAUFF, 1868)	mm 3,2-3,8	P
232 - ***Weinkauffia turgidula*** (FORBES, 1844)	mm 3-5	R

218

219

220

221

222

223

224

225

226

227

228

229

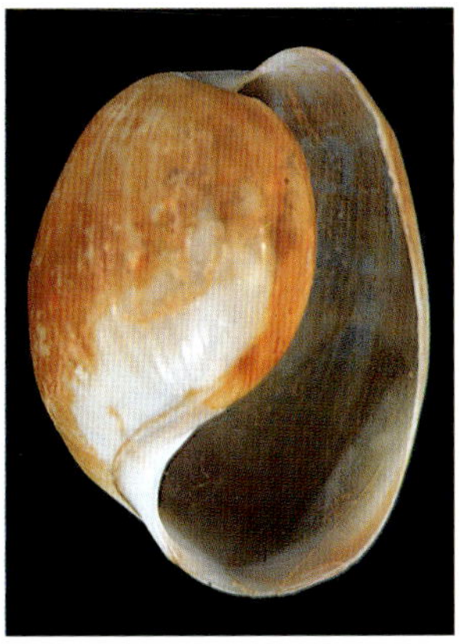
230

230 A

231

232

233 - ***Philine aperta*** (LINNAEUS, 1767)	mm 15-20	A
234 - ***Philine monterosati*** MONTEROSATO, 1874 ex JEFFREYS ms.	mm 3-5	R
235 - ***Philine scabra*** (MUELLER, 1784)	mm 2,5-4	R
236 - ***Laona pruinosa*** (CLARK, 1827)	mm 4-6	R
237 - ***Akera bullata*** MUELLER O.F., 1776	mm 20-30	P
238 - ***Cylichna*** cf ***crossei*** B.D.D., 1886	mm 1,5-2,5	P
239 - ***Cylichna cylindracea*** (PENNANT, 1777)	mm 4-6	C
240 - ***Scaphander lignarius*** (LINNAEUS, 1758)	mm 30-55	P
240 A - ***Scaphander lignarius*** (LINNAEUS, 1758)	mm 30-55	P
241 - ***Cavolinia inflexa*** (LESUEUR, 1813)	mm 4-7	R
242 - ***Cavolinia tridentata*** (NIEBUHR, 1775 ex FORSKAL ms.)	mm 9-12	P
243 - ***Clio pyramidata*** LINNAEUS, 1767	mm 7-12	P
244 - ***Creseis acicula*** RANG, 1828	mm 5-9	P
245 - ***Styliola subula*** (QUOY & GAIMARD, 1827)	mm 4-5	P
246 - ***Tylodina perversa*** (GMELIN, 1791)	mm 15-20	R

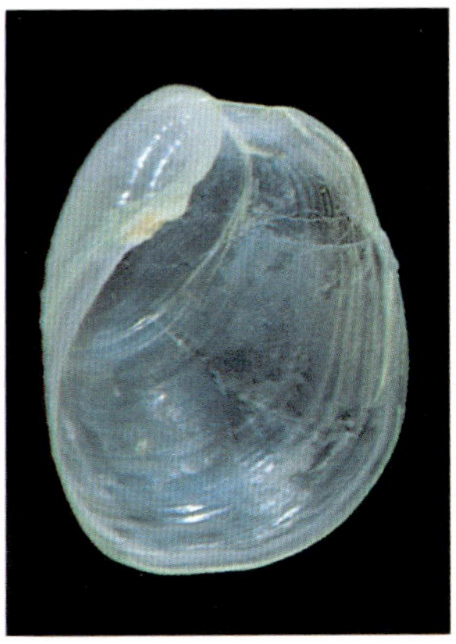
233

234

235

236

237

238

239

240

240 A

241

242

243

244

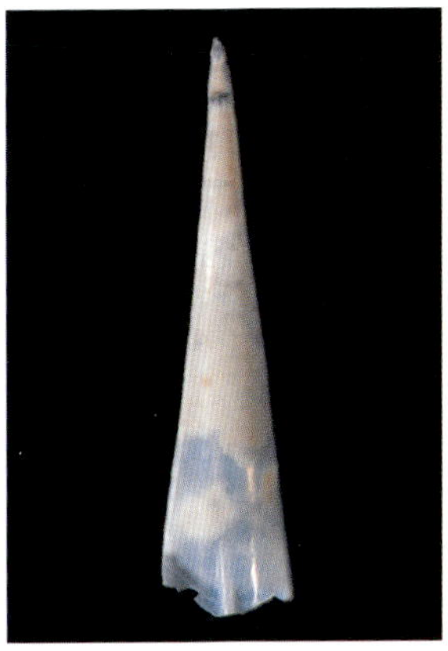
245

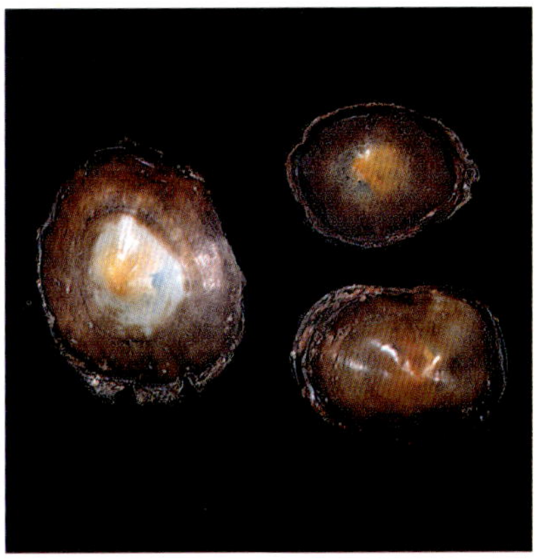
246

247 - ***Aplysia (Aplysia) depilans*** GMELIN, 1791	mm 35-55	C
248 - ***Aplysia (Pruvotaplysia)*** cf ***punctata*** (CUVIER, 1803)	mm 20-30	P
249 - ***Aplysia (Varria)*** cf ***fasciata*** POIRET, 1789	mm 35-40	P
250 - ***Trimusculus mammillaris*** (LINNAEUS, 1758)	mm 6-10	P
251 - ***Ovatella (Ovatella) firminii*** (PAYRAUDEAU, 1826)	mm 6-10	P
251 A - ***Ovatella (Ovatella) firminii*** (PAYRAUDEAU, 1826)	mm 6-10	P
252 - ***Ovatella (Myosotella) myosotis*** (DRAPARNAUD, 1801)	mm 9-12	F

247

248

249

250

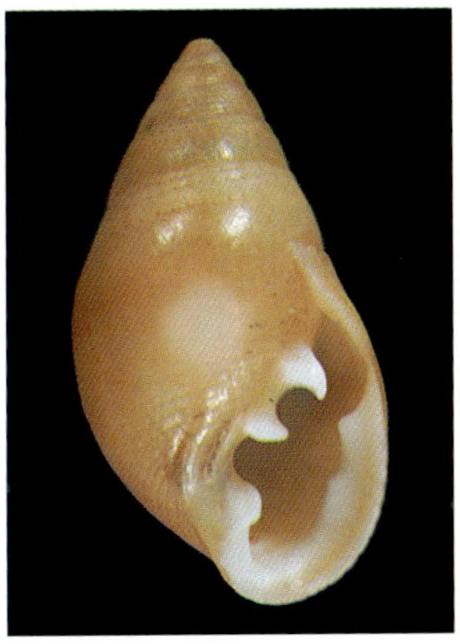

251

251 A

252

Classis **BIVALVIA** LINNAEUS, 1758

253 - ***Nucula nitidosa*** WINCKWORTH, 1930	mm 6-8	C
254 - ***Nucula nucleus*** (LINNAEUS, 1758)	mm 8-10	P
255 - ***Nucula sulcata*** BRONN, 1831	mm 10-20	P
256 - ***Nuculoma aegeensis*** FORBES, 1844	mm 3-6	R
257 - ***Nuculana (Lembulus) pella*** (LINNAEUS, 1767)	mm 7-10	R
258 - ***Nuculana (Jupiteria) commutata*** (PHILIPPI, 1844)	mm 7-10	P
259 - ***Nuculana (Jupiteria) illirica*** CARROZZA, 1987	mm 3-6	R
260 - ***Nuculana (Jupiteria)*** species	mm 8	
261 - ***Arca noae*** LINNAEUS, 1758	mm 40-65	F
262 - ***Arca tetragona*** POLI, 1795	mm 15-25	P
263 - ***Barbatia (Barbatia) barbata*** (LINNAEUS, 1758)	mm 35-50	F
264 - ***Bathyarca grenophia*** (RISSO, 1826)	mm 3-4	P
265 - ***Bathyarca philippiana*** (NYST, 1848)	mm 7-9	R
266 - ***Scapharca inaequivalvis*** (BRUGUIERE, 1789)	mm 40-70	A
267 - ***Striarca lactea*** (LINNAEUS, 1758	mm 10-15	C

253

254

255

256

257

258

259

260

261

262

263

264

265

266

267

268 - ***Glycymeris insubrica*** (BROCCHI, 1814)	mm 35-55	F
269 - ***Mytilus galloprovincialis*** LAMARCK, 1819	mm 50-90	A
270 - ***Mytilaster lineatus*** (GMELIN, 1791)	mm 10-15	A
271 - ***Mytilaster minimus*** (POLI, 1795)	mm 12-20	A
272 - ***Mytilaster solidus*** MONTEROSATO, 1872 ex MARTIN H. ms.	mm 12-20	P
273 - ***Gregariella petagnae*** (SCACCHI, 1832)	mm 8-13	F
274 - ***Modiolarca subpicta*** (CANTRAINE, 1835)	mm 6-10	C
275 - ***Lithophaga lithophaga*** (LINNAEUS, 1758)	mm 50-65	C
276 - ***Modiolus (Modiolus) barbatus*** (LINNAEUS, 1758)	mm 25-50	F
277 - ***Modiolula phaseolina*** (PHILIPPI, 1844)	mm 3-7	C
278 - ***Pinna nobilis*** LINNAEUS, 1758	mm 150-250	R
279 - ***Atrina pectinata*** (LINNAEUS, 1767)	mm 150-300	C
280 - ***Pteria hirundo*** (LINNAEUS, 1758)	mm 70-90	P

268

269

270

271

272

273

274

275

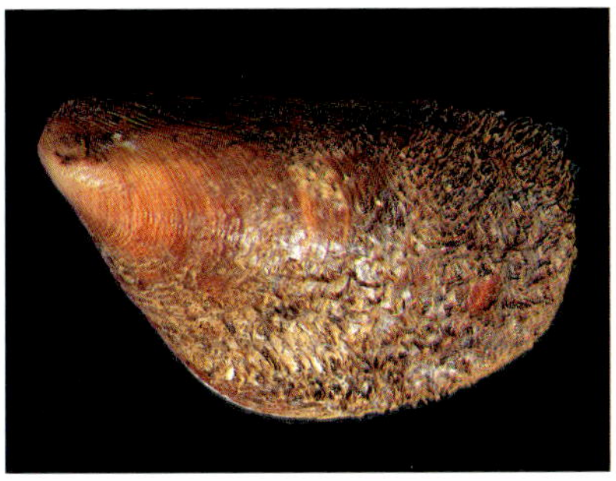
276

277

278

279

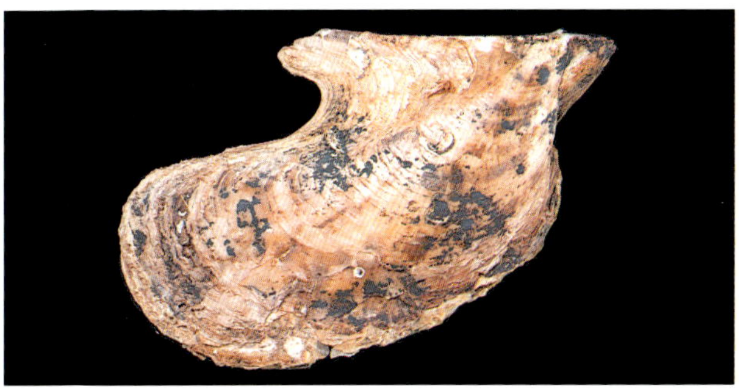
280

281 - ***Pecten jacobeus*** (LINNAEUS, 1758)	mm 70-170	C
281 A - ***Pecten jacobeus*** (LINNAEUS, 1758)	mm 70-170	C
282 - ***Aequipecten (Aequipecten) opercularis*** (LINNAEUS, 1758)	mm 40-60	C
282 A - ***Aequipecten (Aequipecten) opercularis*** (LINNAEUS, 1758)	mm 40-60	C
283 - ***Propeamussium fenestratum*** (FORBES, 1844)	mm 5-8	R
284 - ***Pseudamussium (Peplum) clavatum*** (POLI, 1795)	mm 20-30	P
285 - ***Hyalopecten (Similpecten) similis*** (LASKEY, 1811)	mm 4-5	R
286 - ***Palliolum incomparabile*** (RISSO, 1826)	mm 4-7	R

281

281 A

282

282 A

283

284

285

286

287 - ***Chlamys (Chlamys) multistriata*** (POLI, 1795) mm 10-20 P

288 - ***Chlamys (Chlamys) varia*** (LINNAEUS, 1758) mm 30-60 C

289 - ***Chlamys (Karnekampia) bruei*** (PAYRAUDEAU, 1826) mm 8-14 R

290 - ***Chlamys (Proteopecten) glabra*** (LINNAEUS, 1758) mm 30-50 C

290 A - ***Chlamys (Proteopecten) glabra*** (LINNAEUS, 1758) mm 30-50 C

290 B - ***Chlamys (Proteopecten) glabra*** (LINNAEUS, 1758) mm 30-50 C

291 - ***Chlamys (Proteopecten) proteus*** (DILLWYN, 1817 ex SOLANDER ms.)mm 30-50 C

292 - ***Spondylus (Spondylus) gaederopus*** LINNAEUS, 1758 mm 50-80 R

293 - ***Anomia ephippium*** LINNAEUS, 1758 mm 30-50 A

293 A - ***Anomia ephippium*** LINNAEUS, 1758 mm 30-50 A

287

288

289

290

290 A

290 B

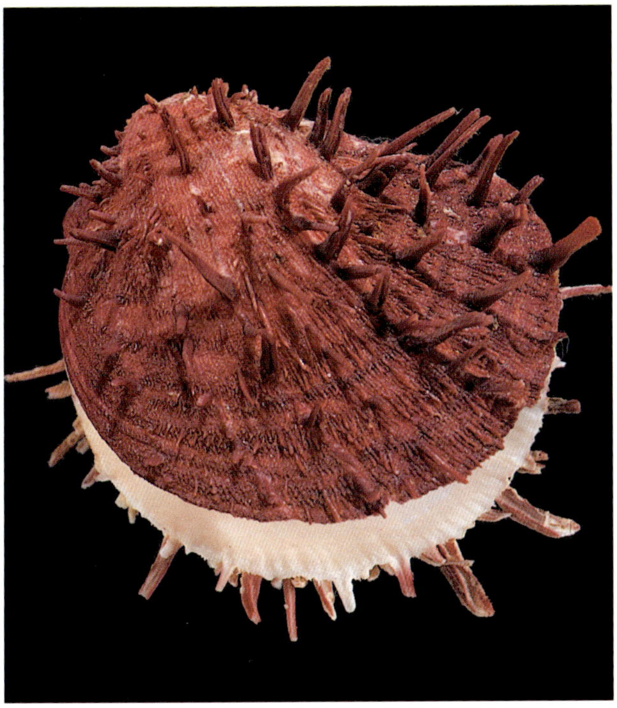
292

291

293

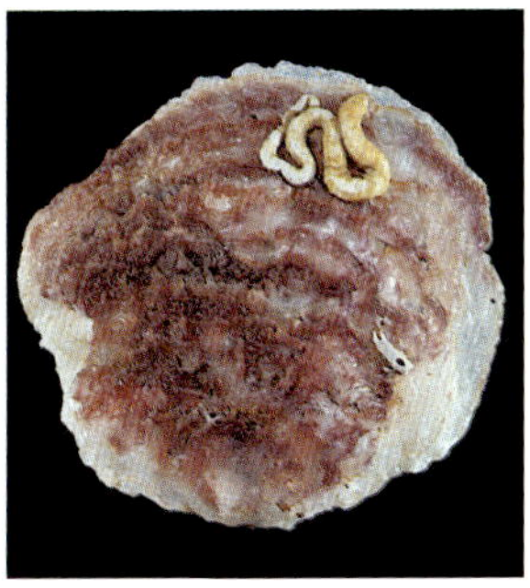
293 A

294 - ***Pododesmus (Monia) glaucus*** (MONTEROSATO, 1884)	mm 25-35	R
295 - ***Pododesmus (Monia) patelliformis*** (LINNAEUS, 1761)	mm 25-35	P
296 - ***Lima (Lima) lima*** (LINNAEUS, 1758)	mm 25-40	P
297 - ***Lima (Limaria) exilis*** WOOD S.V., 1839	mm 25-40	P
298 - ***Lima (Limaria) hians*** (GMELIN, 1791)	mm 15-20	P
299 - ***Limatula subauriculata*** (MONTAGU, 1808)	mm 7-10	R
300 - ***Notolimea crassa*** (FORBES, 1844)	mm 4-6	P
301 - ***Ostrea edulis*** LINNAEUS, 1758	mm 45-90	A
302 - ***Crassostrea gigas*** (THUNBERG, 1793)	mm 80-150	C
303 - ***Crassostrea virginica*** (GMELIN, 1791)	mm 80-150	C
304 - ***Ostreola parenzani*** SETTEPASSI, 1978	mm 40-70	F
305 - ***Neopycnodonte cochlear*** (POLI, 1795)	mm 35-60	C

294

295

296

297

298

299

300

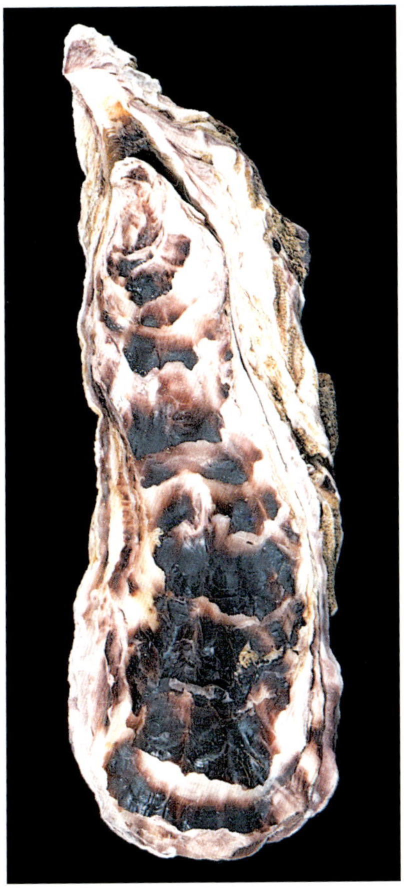
303

301

302

304

305

306 - ***Ctena decussata*** (COSTA O.G., 1829)	mm 8-15	F
307 - ***Loripes lacteus*** (LINNAEUS, 1758)	mm 10-20	F
308 - ***Lucinella divaricata*** (LINNAEUS, 1758)	mm 4-6	P
309 - ***Anodontia (Loripinus) fragilis*** (PHILIPPI, 1836)	mm 5-10	P
310 - ***Myrtea spinifera*** (MONTAGU, 1803)	mm 7-10	R
311 - ***Lucinoma boreale*** (LINNAEUS, 1767)	mm 10-25	R
312 - ***Thyasira flexuosa*** (MONTAGU, 1803)	mm 5-7	R
313 - ***Chama gryphoides*** LINNAEUS,1758	mm 10-20	P
314 - ***Galeomma (Galeomma) turtoni*** TURTON, 1825	mm 6-10	R
315 - ***Kellia compressa*** MILASCHEWITCH, 1909	mm 5-7	R
316 - ***Kellia suborbicularis*** (MONTAGU, 1803)	mm 5-8	P
317 - ***Bornia sebetia*** (COSTA O.G., 1829)	mm 6-7	F
318 - ***Hemilepton nitidum*** (TURTON, 1822)	mm 2-3	P
319 - ***Mysella bidentata*** (MONTAGU, 1803)	mm 3-5	F
320 - ***Neolepton obliquatum*** CHASTER, 1897	mm 1-1,8	R
321 - ***Glans (Centrocardita) aculeata*** (POLI, 1795)	mm 15-20	F

306

307

308

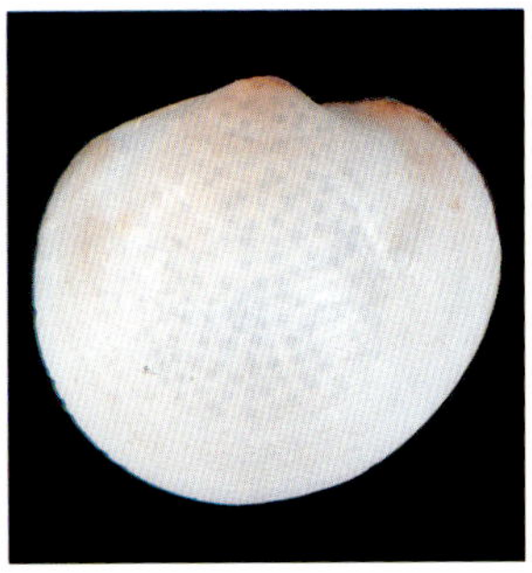
309

310

311

312

313

314

315

316

317

318

319

320

321

322 - ***Acanthocardia (Acanthocardia) aculeata*** (LINNAEUS, 1758)	mm 50-70	C
323 - ***Acanthocardia (Acanthocardia) echinata*** (LINNAEUS, 1758)	mm 40-60	P
324 - ***Acanthocardia (Acanthocardia) mucronata*** (POLI, 1795)	mm 60-75	P
324 A - ***Acanthocardia (Acanthocardia) mucronata*** (POLI, 1795) (particol.)	mm 60-75	P
325 - ***Acanthocardia (Acanthocardia) paucicostata*** (SOWERBY G.B. II, 1841)	mm 20-30	F
326 - ***Acanthocardia (Rudicardium) tuberculata*** (LINNAEUS, 1758)	mm 40-60	A
327 - ***Parvicardium minimum*** (PHILIPPI, 1836)	mm 2-4	P
328 - ***Plagiocardium (Papillocardium) papillosum*** (POLI, 1795)	mm 10-15	P
329 - ***Laevicardium crassum*** (GMELIN, 1791)	mm 20-30	P
330 - ***Laevicardium oblongum*** (GMELIN, 1791)	mm 40-80	F
331 - ***Cerastoderma glaucum*** (POIRET, 1789)	mm 20-30	C

322

323

324

324 A

325

326

327

328

329

330

331

332 - ***Mactra stultorum*** (LINNAEUS, 1758)	mm 40-60	A
332 A - ***Mactra stultorum*** (LINNAEUS, 1758)	mm 40-60	A
333 - ***Spisula subtruncata*** (DA COSTA, 1778)	mm 15-25	A
334 - ***Solen marginatus*** PULTENEY, 1799	mm 120-170	C
335 - ***Ensis ensis*** (LINNAEUS, 1758)	mm 60-80	C
336 - ***Ensis minor*** (CHENU, 1843)	mm 100-150	A
337 - ***Phaxas adriaticus*** (COEN, 1933)	mm 15-26	R
338 - ***Tellina (Angulus) tenuis*** DA COSTA, 1778	mm 12-18	A
339 - ***Tellina (Arcopagia) balaustina*** LINNAEUS, 1758	mm 10-14	R
340 - ***Tellina (Fabulina) fabula*** GMELIN, 1791	mm 10-15	F
341 - ***Tellina (Laciolina) incarnata*** LINNAEUS, 1758	mm 20-30	P
342 - ***Tellina (Moerella) donacina*** LINNAEUS, 1758	mm 15-20	P
343 - ***Tellina (Peronaea) planata*** LINNAEUS, 1758	mm 50-70	C
344 - ***Tellina (Peronidia) nitida*** POLI, 1791	mm 30-50	A
345 - ***Tellina (Serratina) serrata*** BROCCHI, 1814	mm 20-25	R

332

332 A

333

334 336

335

337

338

339

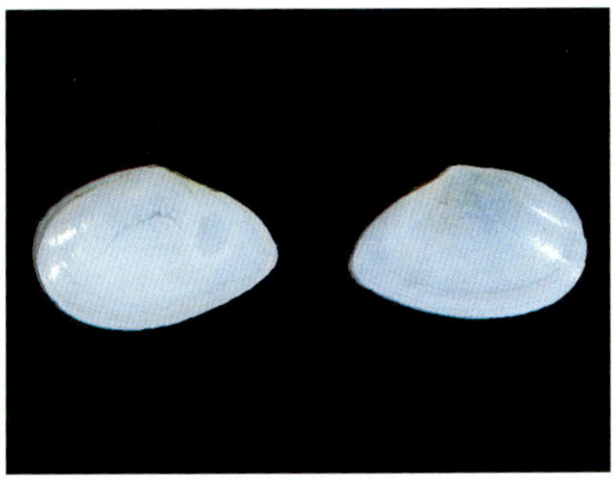

340

341

342

343

344

345

346 - ***Tellina (Tellinella) distorta*** POLI, 1791	mm 8-15	C
347 - ***Tellina (Tellinella) pulchella*** LAMARCK, 1818	mm 20-30	P
348 - ***Gastrana fragilis*** (LINNAEUS, 1758)	mm 20-30	F
349 - ***Donax (Donax) semistriatus*** POLI, 1795	mm 20-30	A
350 - ***Donax (Serrula) trunculus*** LINNAEUS, 1758	mm 20-35	A
351 - ***Psammobia (Psammobia) fervensis*** (GMELIN, 1791)	mm 20-30	P
352 - ***Psammobia (Gobraeus) depressa*** (PENNANT, 1777)	mm 30-40	P
353 - ***Psammobia (Psammobella) costulata*** TURTON, 1822	mm 15-26	P
354 - ***Scrobicularia cottardi*** (PAYRAUDEAU, 1826)	mm 18-25	F
355 - ***Scrobicularia plana*** (DA COSTA, 1778)	mm 30-45	P
356 - ***Abra (Abra)*** cf ***prismatica*** (MONTAGU, 1808)	mm 14-16	R
357 - ***Abra (Abra) segmentum*** (RECLUZ, 1843)	mm 13-15	P
358 - ***Abra (Syndosmya) alba*** (WOOD W., 1802)	mm 8-15	F
359 - ***Abra (Syndosmya) longicallus*** (SCACCHI, 1834)	mm 15-24	R
360 - ***Abra (Syndosmya) renierii*** (BRONN, 1831)	mm 10-12	R

346

347

348

349

350

351

352

353

354

355

356

357

358

359

360

361 - ***Solecurtus scopula*** (TURTON, 1822)	mm 50-70	P
362 - ***Solecurtus strigilatus*** (LINNAEUS, 1758)	mm 60-80	P
363 - ***Azorinus chamasolen*** (DA COSTA, 1778)	mm 30-45	C
364 - ***Pharus legumen*** (LINNAEUS, 1758)	mm 40-65	C
365 - ***Kelliella abyssicola*** (FORBES, 1844)	mm 1-1,5	P
366 - ***Coralliophaga lithophagella*** (LAMARCK, 1819)	mm 12-20	R
366 A - ***Coralliophaga lithophagella*** (LAMARCK, 1819)	mm 12-20	R
367 - ***Glossus humanus*** (LINNAEUS, 1758)	mm 60-95	F
368 - ***Venus (Venus) verrucosa*** LINNAEUS, 1758	mm 35-50	P
369 - ***Venus (Circomphalus) casina*** LINNAEUS, 1758	mm 20-45	P
370 - ***Chamelea gallina*** (LINNAEUS, 1758)	mm 20-45	A

361

362

363

364

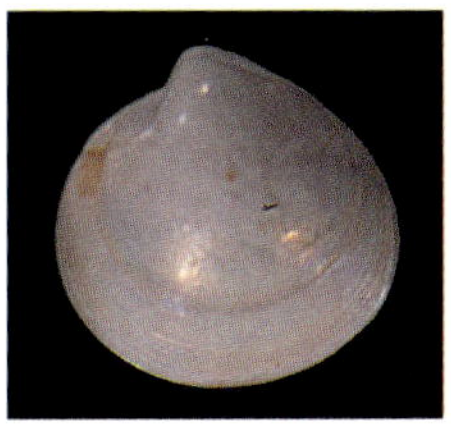
365

366

366 A

367

368

369

370

370 A - ***Chamelea gallina*** (LINNAEUS, 1758)	mm 20-45	A
371 - ***Clausinella brongniartii*** (PAYRAUDEAU, 1826)	mm 10-15	R
372 - ***Timoclea ovata*** (PENNANT, 1777)	mm 10-15	F
373 - ***Dosinia (Dosinia) lupinus*** (LINNAEUS, 1758)	mm 20-35	A
374 - ***Dosinia (Pectunculus) exoleta*** (LINNAEUS, 1758)	mm 30-40	R
375 - ***Pitar mediterranea*** TIBERI, 1855	mm 10-15	P
376 - ***Pitar rudis*** (POLI, 1795)	mm 10-15	F
377 - ***Callista chione*** (LINNAEUS, 1758)	mm 50-80	P
378 - ***Tapes (Ruditapes) decussatus*** (LINNAEUS, 1758)	mm 25-60	P
379 - ***Tapes (Ruditapes) philippinarum*** (ADAMS & REEVE, 1850)	mm 30-70	P
380 - ***Irus irus*** (LINNAEUS, 1758)	mm 15-20	F
381 - ***Paphia (Politapes) aurea*** (GMELIN, 1791)	mm 25-50	A
382 - ***Paphia (Politapes) rhomboides*** (PENNANT, 1777)	mm 35-45	P

370 A

371

372

373 374

375

376

377

378

379

380

381

382

383 - ***Venerupis senegalensis*** (GMELIN, 1791)	mm 20-25	F
384 - ***Petricola (Petricola) lithophaga*** (RETZIUS, 1786)	mm 15-25	C
385 - ***Mysia undata*** (PENNANT, 1777)	mm 15-25	C
386 - ***Corbula (Varicorbula) gibba*** (OLIVI, 1792)	mm 8-15	A
387 - ***Lentidium mediterraneum*** (COSTA O.G., 1839)	mm 5-8	A
388 - ***Gastrochaena dubia*** (PENNANT, 1777)	mm 15-20	C
389 - ***Hiatella arctica*** (LINNAEUS, 1767)	mm 15-25	C
390 - ***Hiatella rugosa*** (LINNAEUS, 1767)	mm 15-25	P
391 - ***Pholas dactylus*** LINNAEUS, 1758	mm 40-90	P
391 A - ***Pholas dactylus*** LINNAEUS, 1758	mm 40-90	P
392 - ***Barnea (Barnea) candida*** (LINNAEUS, 1758)	mm 40-60	P
393 - ***Teredo*** cf ***navalis*** LINNAEUS, 1758	mm 5-9	C
394 - ***Teredo utriculus*** GMELIN, 1791	mm 7-10	F
395 - ***Bankia (Lirodobankia) carinata*** (GRAY J.E., 1827)	mm 4-6	F
396 - ***Bankia (Neobankia)*** cf ***bipennata*** (TURTON, 1819)	mm 5-8	P
397 - ***Xylophaga dorsalis*** (TURTON, 1819)	mm 7-10	C
397 A - ***Xylophaga dorsalis*** (TURTON, 1819)	mm 7-10	C

383

384

385

386

387

388

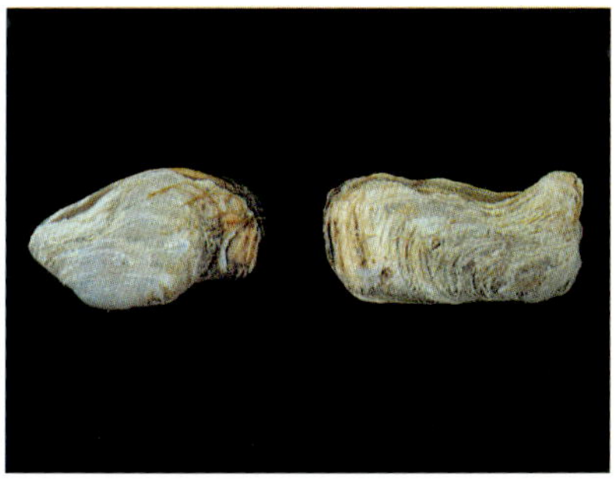
389

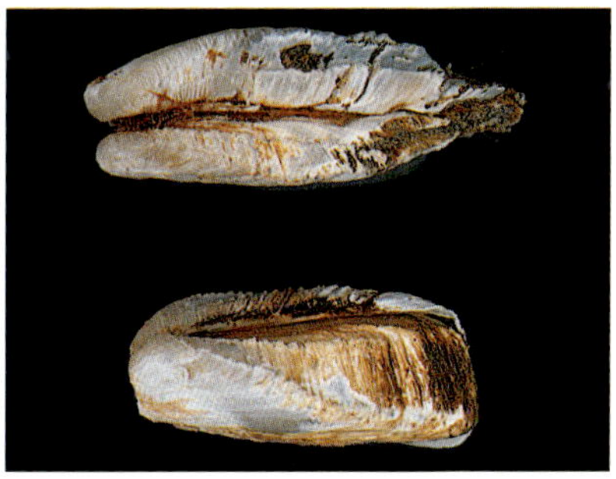
390

391

391 A

392

393

396

397

397 A

398 - ***Thracia (Thracia) convexa*** (WOOD W., 1815)	mm 40-50	R
399 - ***Thracia (Thracia) corbuloides*** DESHAYES, 1830	mm 40-55	R
400 - ***Thracia (Thracia) papyracea*** (POLI, 1791)	mm 20-30	C
401 - ***Thracia (Thracia) pubescens*** (PULTENEY, 1799)	mm 80-120	P
402 - ***Thracia (Ixartia) distorta*** (MONTAGU, 1803)	mm 8-10	R
403 - ***Pandora inaequivalvis*** (LINNAEUS, 1758)	mm 30-40	R
404 - ***Pandora pinna*** (MONTAGU, 1803)	mm 20-30	P
405 - ***Cuspidaria (Cuspidaria) cuspidata*** (OLIVI, 1792)	mm 15-20	R
406 - ***Cuspidaria (Cuspidaria) rostrata*** (SPENGLER, 1793)	mm 15-24	R
407 - ***Cardiomya costellata*** (DESHAYES, 1835)	mm 5-8	P

398

399

401

402

400

403

404

405

406

407

Classis **SCAPHOPODA** BRONN, 1862

408 - ***Dentalium (Antalis) inaequicostatum*** DAUTZENBERG, 1891	mm 40-60	C
409 - ***Fustiaria rubescens*** (DESHAYES, 1826)	mm 20-40	P
410 - ***Cadulus (Gadila) jeffreysi*** (MONTEROSATO, 1875)	mm 4-6	P
411 - ***Entalina tetragona*** (BROCCHI, 1814)	mm 4-9	P
412 - ***Pulsellum lofotense*** (SARS M., 1865)	mm 3-5	P

Classis **CEPHALOPODA** CUVIER, 1798

413 - ***Sepia elegans*** BLAINVILLE, 1827	mm 50-80	F
414 - ***Sepia officinalis*** LINNAEUS, 1758	mm 90-200	A
415 - ***Loligo vulgaris*** LAMARCK, 1798	mm 70-350	A
416 - ***Todarodes sagittatus*** (LAMARCK, 1798)	mm 70-250	C
417 - ***Argonauta argo*** LINNAEUS, 1758	mm 60-100	R

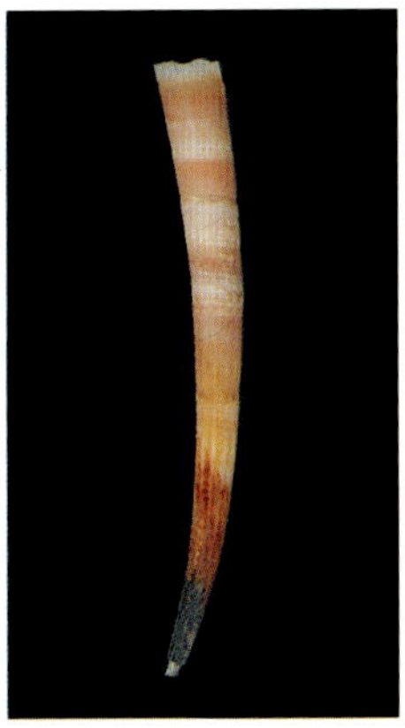

408

409

410

411

412

413

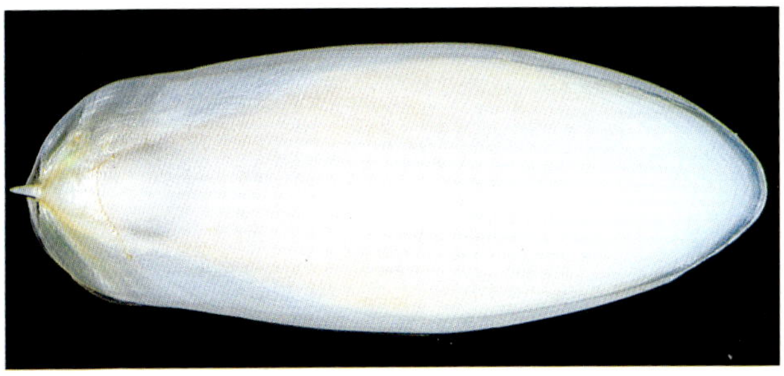

414

413

414

415 416

417

INDICE - INDEX